REVUE TECHNIQUE

DE

L'EXPOSITION UNIVERSELLE

DE

CHICAGO EN 1893

PAR

M. GRILLE
INGÉNIEUR CIVIL DES MINES

M. H. FALCONNET
INGÉNIEUR DES ARTS ET MANUFACTURES

Cinquième Partie

LES ARTS MILITAIRES AUX ÉTATS-UNIS ET A L'EXPOSITION DE CHICAGO

Collaborateurs : MM. MÉTIVIER ET ZIEGLER
INGÉNIEURS DES ARTS ET MANUFACTURES

ORGANE

DES CONGRÈS INTERNATIONAUX TENUS A CHICAGO EN 1893
SOUS LA PRÉSIDENCE DE
MM. O. CHANUTE & E.-L. CORTHELL

PARIS
E. BERNARD & CIE, IMPRIMEURS-ÉDITEURS
53 ter, quai des Grands-Augustins, 53 ter

1894

REVUE TECHNIQUE

DE

L'EXPOSITION UNIVERSELLE

DE

CHICAGO EN 1893

PAR

M. GRILLE
INGÉNIEUR CIVIL DES MINES

M. H. FALCONNET
INGÉNIEUR DES ARTS ET MANUFACTURES

Collaborateurs : MM. MÉTIVIER ET ZIEGLER
INGÉNIEURS DES ARTS ET MANUFACTURES

Cinquième Partie

LES ARTS MILITAIRES AUX ÉTATS-UNIS ET A L'EXPOSITION DE CHICAGO

ORGANE

DES CONGRES INTERNATIONAUX TENUS A CHICAGO EN 1893

SOUS LA PRÉSIDENCE DE

MM. O. CHANUTE & E.-L. CORTHELL

PARIS

E. BERNARD & CIE, IMPRIMEURS-ÉDITEURS

53 ter, quai des Grands-Augustins, 53 ter

1894

TABLE DES TABLES

Planches

48-49 Artillerie de côte. — Affût à pivot central.
50-51 Canons de marine de 152 mm. 4. — Coupe et élévation. — Projectiles.
52-53 Système de fermeture des canons de marine de 152 mm. 4. — Mécanisme de culasse avec levier de manœuvre.
54-55 Affûts de bord pour canons de 152 mm. 4. — Élévation et Coupe.
56-57 Canons de marine de 203 mm. 2. — Organes de commande.
58-59 Affût de bord pour canons de 203 mm. 2. — Affût barbette à pivot central et à châssis incliné. — Affût pneumatique.
60-61 Affûts de bord pour canons de 203 mm. 2. — Affût à pivot avant et à châssis incliné monté à bord du croiseur « Chicago ».
62 Canons de bord de 101 mm. 6 et 127 millimètres.
63-64 Artillerie de gros calibre de la marine des États-Unis. — Affûts de tourelle à berceau pour 2 canons de 254 millimètres. — Affûts de tourelle fermée à berceau pour 2 canons de 254 millimètres. — Affûts de tourelle Barbette pour 2 canons de 254 mm. et 304 mm. 8. — Canons de 254 mm. de 33 calibres. — Canons de 304 mm. 8 de 35 calibres. — Canons de 406 mm. 4 de 32 calibres.
65-66 Tourelle à manœuvres hydrauliques pour canons jumeaux de 254 mm. — Installation des machines de pompage et des accumulateurs. — Plan et élévation.
67-68 Tourelle à manœuvres hydrauliques pour canons jumeaux de 254 mm. — Tiroirs de distribution. — Moteurs hydrauliques de pointage en direction. — Tiroirs de changement de marche.
69-70 Tourelle à manœuvres hydrauliques pour canons jumeaux de 254 mm. — Installation des moteurs hydrauliques de pointage en direction et de leurs mécanismes de commande par assairissement.
71-72 Canons revolvers et mitrailleuses. — Mitrailleuses Gatling. — Détail du mécanisme. — Canon revolver Hotchkiss, fusée obus. — Chargeur.
73-74 Matériel à tir rapide, système Driggs-Schrœder, système de fermeture. — Affût.
75-76 Artillerie à tir rapide, système Hotchkiss, aux États-Unis.
77-78 Types d'affûts à tir rapide de la Marine des États-Unis.
Affût à cylindre de frein unique.
Affût à deux cylindres de frein.
Affûts à recul.
79-80 Matériel à tir rapide, système Canet. — Mécanisme de fermeture. — Coupe transversale de l'affût. — Canon de 12 centimètres de 40 calibres.
81-82 Matériel à tir rapide, système Canet.
Canon de 12 centimètres de 40 calibres. — Élévation. — Obus. — Boîte à mitraille. — Fusées.
83-84 Canons pneumatiques destinés au Polygone de Sandy-Hok.
85-86 Canon pneumatique.
87-88 Canon à dynamite de 381 millimètres de 40 calibres, modèle 1890. — Canon de côte de 381, modèle 1890.
89-90 Canon pneumatique de 381 millimètres, modèle 1890.
91-92 Canon à fil d'acier à tube segmenté, système Brown de 127 millimètres.
» » » semi-segmenté, système Woodbridge, de 254 millimètres.
» » système Crozier de 254 millimètres.
93-94 Petites armes, fusil d'infanterie, modèle 1892, des États-Unis.
95-96 Torpille Whitehead. — Élévation et coupe.
97-98 Torpille Horwell. — Torpille dirigeable Sims-Edison.
99-100 Canon sous-marin Ericsson.
101-102 Projectiles de grande capacité pour explosifs puissants.
Coupe du projectile muni de trois fusées électriques Zalinski.
Projectile Justin pour canon tirant à la poudre.
103-104 Projectiles de grande capacité pour explosifs puissants.
Fusée Rapieff.
Fusée mécanique Merriam.
Projectiles de grandes dimensions.

Paris. — Imp. E. BERNARD et Cie, 23, rue des Grands-Augustins.

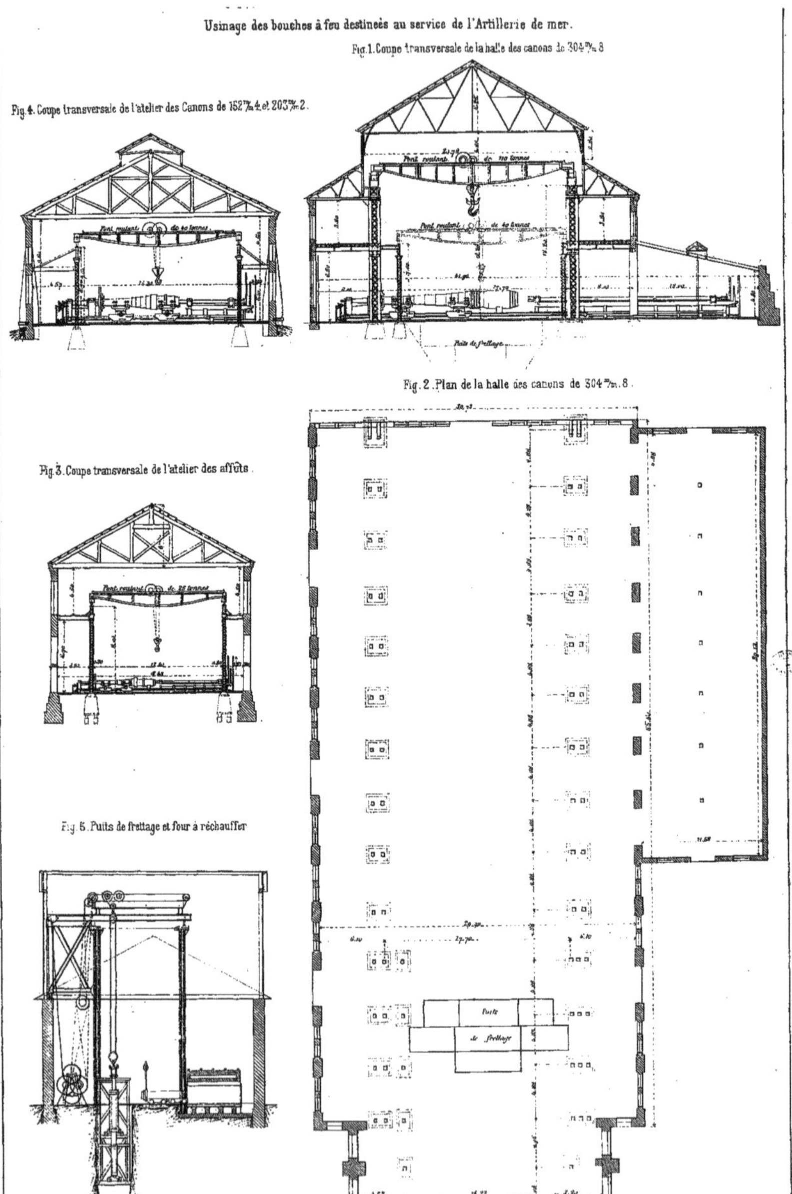

Usinage des bouches à feu destinées au service de l'Artillerie de mer.

Fig. 1. Coupe transversale de la halle des canons de 304 m/m 8

Fig. 2. Plan de la halle des canons de 304 m/m. 8.

Fig. 3. Coupe transversale de l'atelier des affûts.

Fig. 4. Coupe transversale de l'atelier des Canons de 152 m/m 4 et 203 m/m 2.

Fig. 5. Puits de frettage et four à réchauffer

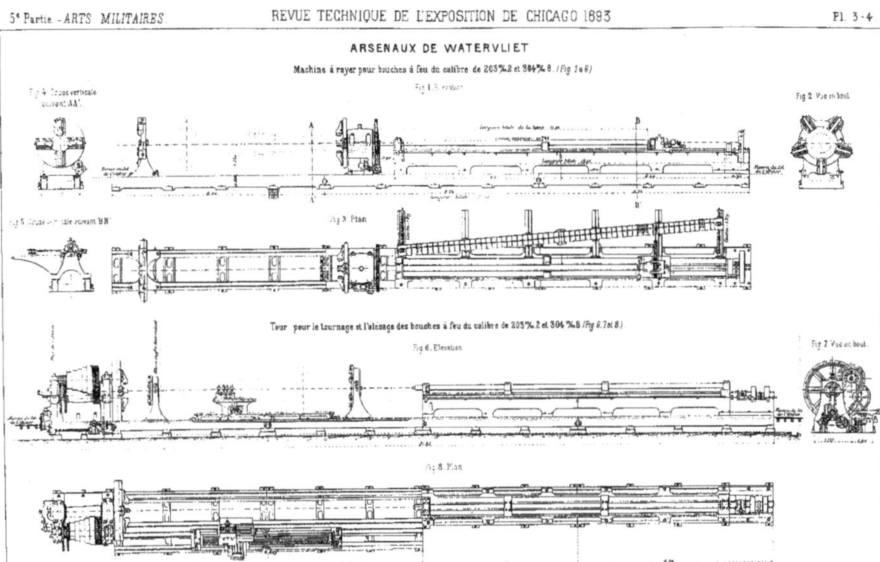
ARSENAUX DE WATERVLIET
Machine à rayer pour bouches à feu du calibre de 203%.2 et 304%.8. (Fig. 1 à 5)
Fig. 1. Élévation
Fig. 4. Coupe verticale suivant AA'.
Fig. 2. Vue en bout
Fig. 5. Coupe verticale suivant BB'
Fig. 3. Plan
Tour pour le tournage et l'alésage des bouches à feu du calibre de 203%.2 et 304%.8 (Fig. 6, 7 et 8).
Fig. 6. Élévation
Fig. 7. Vue en bout.
Fig. 8. Plan

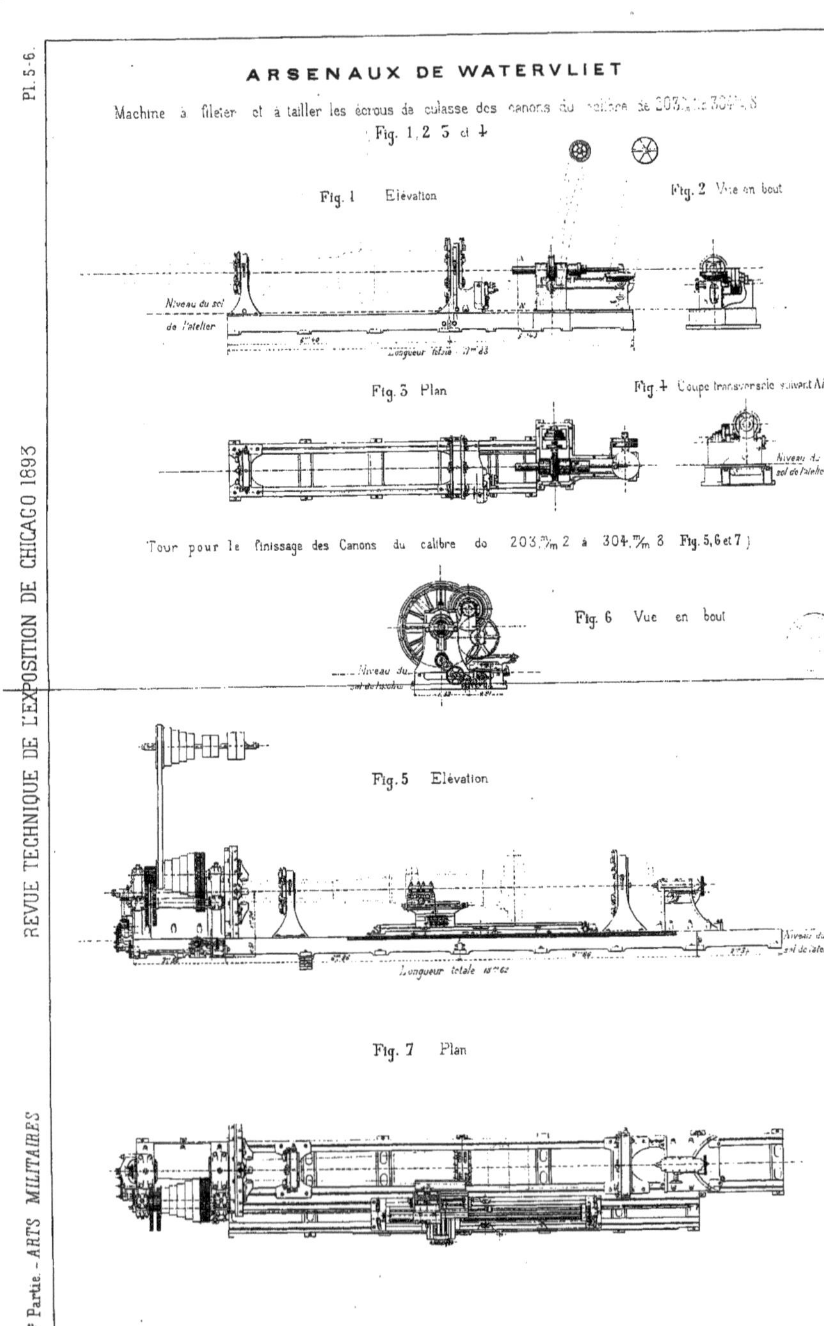
ARSENAUX DE WATERVLIET
Machine à fileter et à tailler les écrous de culasse des canons du
Fig. 1, 2, 3 et 4
Fig. 1 Elévation
Fig. 2 Vue en bout
Niveau du sol
de l'atelier
Longueur totale
Fig. 3 Plan
Fig. 4 Coupe transversale suivant AA'
Niveau du sol de l'atelier
Tour pour le finissage des Canons du calibre de 203.m/m 2 à 304.m/m 8 Fig. 5, 6 et 7
Fig. 6 Vue en bout
Niveau du sol de l'atelier
Fig. 5 Elévation
Niveau du sol de l'atelier
Longueur totale 18m 62
Fig. 7 Plan

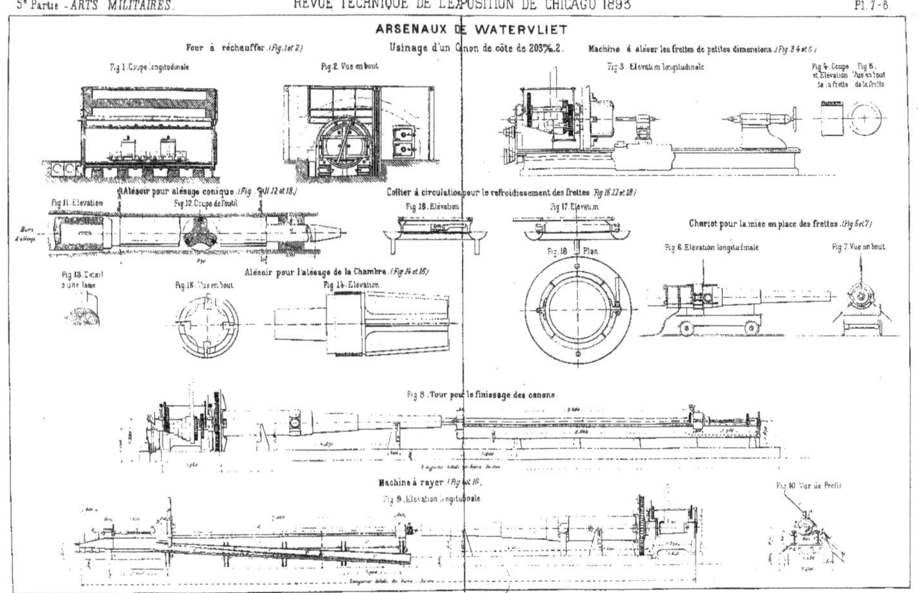
ARSENAUX DE WATERVLIET
Usinage d'un Canon de côte de 203%.2.
Four à réchauffer. (Fig. 1 et 2)
Fig. 1. Coupe longitudinale
Fig. 2. Vue en bout
Machine à aléser les frettes de petites dimensions (Fig. 3, 4 et 5)
Fig. 3. Élévation longitudinale
Fig. 4. Coupe et Élévation de la frette
Fig. 5. Vue en bout de la frette
Alésoir pour alésage conique (Fig. 11, 12 et 13)
Fig. 11. Élévation
Fig. 12. Coupe de l'outil
Collier à circulation pour le refroidissement des frettes (Fig. 16, 17 et 18)
Fig. 16. Élévation
Fig. 17. Élévation
Fig. 18. Plan
Chariot pour la mise en place des frettes (Fig. 6 et 7)
Fig. 6. Élévation longitudinale
Fig. 7. Vue en bout
Fig. 13. Détail d'une lame
Alésoir pour l'alésage de la Chambre (Fig. 14 et 15)
Fig. 15. Vue en bout
Fig. 14. Élévation
Fig. 8. Tour pour le finissage des canons.
Machine à rayer (Fig. 9 et 10)
Fig. 9. Élévation longitudinale
Fig. 10. Vue de Profil

USINAGE DES BOUCHES A FEU DESTINÉES AU SERVICE DE L'ARTILLERIE DE TERRE

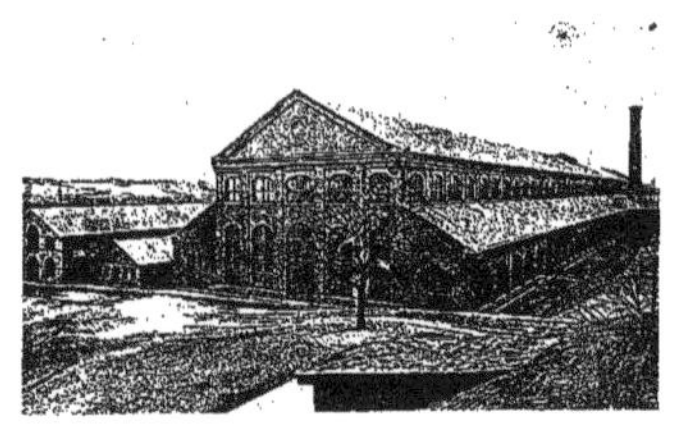

FIG. 1. — VUE EXTÉRIEURE DES ARSENAUX.

FIG 2. — PONT ROULANT INSTALLÉ DANS LE NOUVEL ATELIER.

FIG. 3. — VUE DU TUBE DU CANON DE 305 m/m SUR LE TOUR.

FIG. 4. — MACHINES A FILETER ET A TAILLER LES ÉCROUS DE CULASSE.

FIG. 5. — PUITS DE FRETTAGE ET FOUR A RÉCHAUFFER.

FIG. 6. — VUE INTÉRIEURE DE LA NOUVELLE HALLE DES CANONS.

FIG. 7. — CANONS DE 203 m/m PRÊTS A ÊTRE EXPÉDIÉS.

FIG. 8. — VUE INTÉRIEURE DE L'ANCIENNE HALLE A CANONS.

FORGES ET ATELIERS DE BETHLEHEM

FIG. 1. — VUE DU TUBE DU CANON DE 330 m/m, 2
(CE TUBE, FORGÉ CREUX, PÈSE 26 800 KILOGRAMMES).

FIG. 2. — VUE DE LA JAQUETTE DU CANON DE 330 m/m, 2
(CE MANCHON, FORGÉ CREUX, PÈSE 25 800 KILOGRAMMES)

FIG. 3. — VUE DE LA GRANDE HALLE DES ATELIERS. — LONGUEUR : 380 M., LARGEUR : 35m,80.

ARTILLERIE DE CAMPAGNE

Canon de campagne de 81 m/m 3e modèle 1869

Fig. 1. Élévation.

Fig. 2. Coupe longitudinale

Vues arrière (Fig. 3 et 4)

Fig. 3.

Fig. 4.

Fig. 5. Coupe transversale de l'âme.

Fig. 6. Assemblage de la bague et de la frette de calage avec le tube.

Fig. 7. Assemblage de la jaquette et de la frette tourillons en a.

Fig. 8. Coupe horizontale arrière.

Fig. 9. Chambre à poudre.

Chambre elliptique grand axe 150, petit axe 96.

Fig. 10. Vis arrêtoir de l'écrou de culasse.

Jaquette. (Fig. 13 et 14)

Fig. 11. Logement du Canal de lumière.

Fig. 12. Canal de lumière.

Fig. 13. Élévation et Coupe.

Fig. 14. Vue arrière.

Tube (Fig. 15 16 et 17.)

Fig. 16. Vue arrière.

Fig. 15. Coupe et Élévation.

Diamètres de serrage.

Fig. 17. Vue avant.

Frette - Tourillons (Fig. 18 19 et 20.)

Fig. 18. Élévation.

Fig. 19. Vue arrière.

Fig. 20. Plan.

Fig. 21. Manchon.

Bague de calage en deux parties (Fig. 22 et 23)

Fig. 22. Élévation. Fig. 23. Profil.

Écrou de Culasse (Fig. 24 et 25)

Fig. 26. Filetage intérr de l'écrou de culasse.

Fig. 24. Coupe et Élévon.

Fig. 25. Vue arrière.

Fig. 27. Filetage extr de l'écrou de culasse.

Frette de calage (Fig. 28 et 29)

Fig. 28. Vue en bout. Fig. 29. Coupe et Élévation.

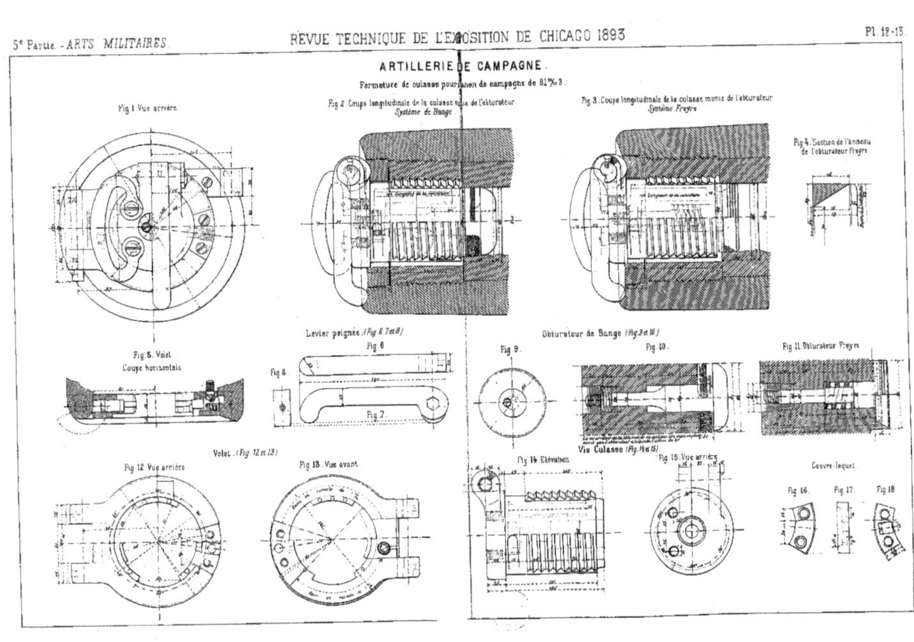
ARTILLERIE DE CAMPAGNE.
Fermeture de culasse pour canon de campagne de 81%3.
Fig 1. Vue arrière
Fig 2. Coupe longitudinale de la culasse munie de l'obturateur Système de Bange
Fig 3. Coupe longitudinale de la culasse munie de l'obturateur Système Freyre
Fig 4. Section de l'anneau de l'obturateur Freyre
Fig 5. Volet. Coupe horizontale
Levier poignée. (Fig 6, 7 et 8)
Fig 6
Fig 7
Fig 8
Obturateur de Bange (Fig 9 et 10)
Fig 9.
Fig 10.
Fig 11. Obturateur Freyre
Volet. (Fig 12 et 13)
Fig 12. Vue arrière
Fig 13. Vue avant
Vis Culasse (Fig 14 et 15)
Fig 14. Elévation
Fig 15. Vue arrière
Couvre-loquet
Fig 16.
Fig 17.
Fig 18

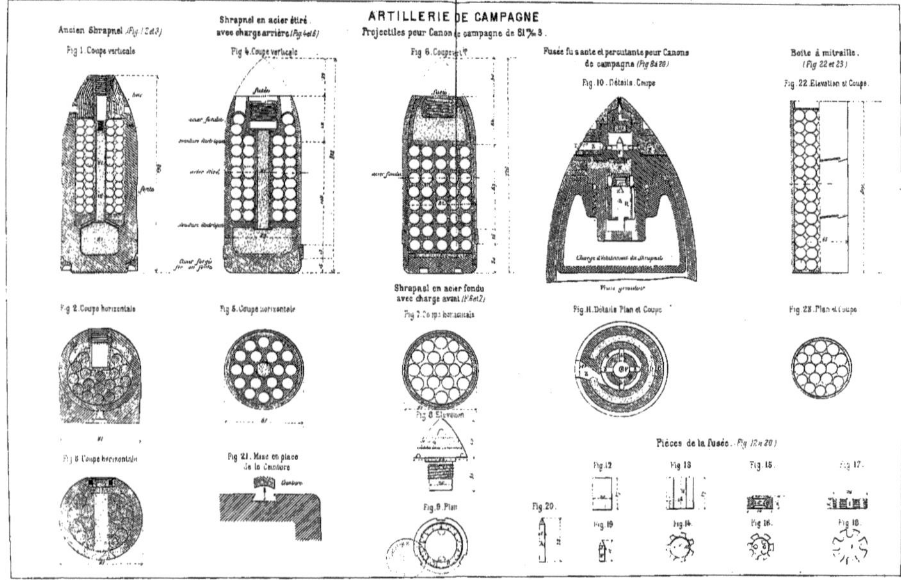
ARTILLERIE DE CAMPAGNE
Projectiles pour Canon de campagne de 81 %m 3.
Ancien Shrapnel (Fig. 1, 2 et 3)
Fig. 1. Coupe verticale
Shrapnel en acier étiré avec charge arrière (Fig. 4 et 5)
Fig. 4. Coupe verticale
Fig. 6. Coupe vert.le
Fusée fusante et percutante pour Canons de campagne (Fig. 8 à 20)
Fig. 10. Détails. Coupe
Boîte à mitraille. (Fig. 22 et 23)
Fig. 22. Elevation et Coupe.
Fig. 2. Coupe horizontale
Fig. 5. Coupe horizontale
Shrapnel en acier fondu avec charge avant (Fig. 6 et 7)
Fig. 7. Coupe horizontale
Fig. 11. Détails Plan et Coupe
Fig. 23. Plan et Coupe
Fig. 3. Coupe horizontale
Fig. 21. Mise en place de la Ceinture
Fig. 8. Elévation
Fig. 9. Plan
Pièces de la fusée. (Fig. 12 à 20)
Fig. 12
Fig. 13
Fig. 15.
Fig. 17.
Fig. 20.
Fig. 19
Fig. 14.
Fig. 16.
Fig. 18.
Charge d'éclatement du Shrapnel

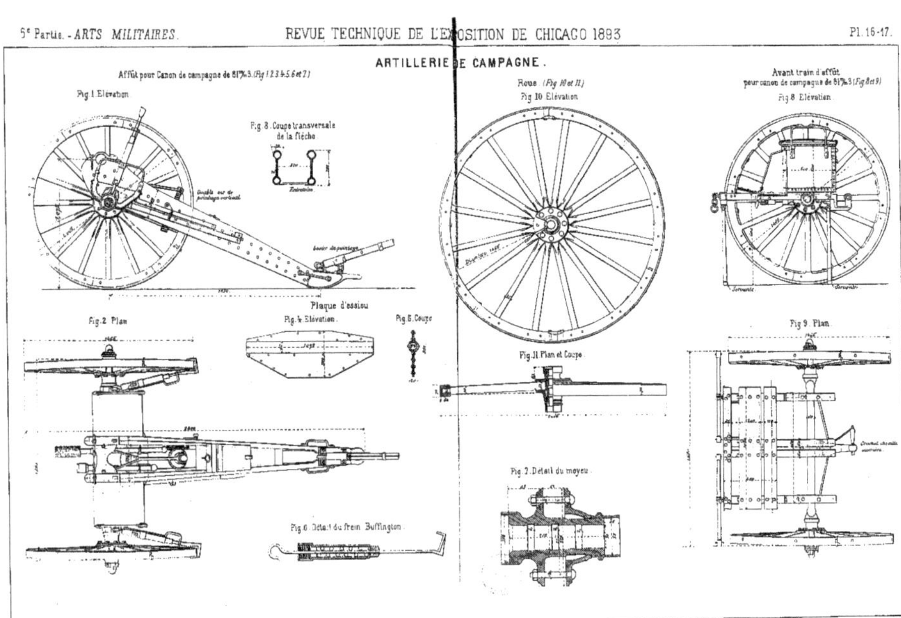
ARTILLERIE DE CAMPAGNE.
Affût pour Canon de campagne de 81‰3. (Fig 1.2.3.4.5.6 et 7)
Fig. 1 Élévation
Fig. 3. Coupe transversale de la flèche
Fig. 2 Plan
Plaque d'essieu
Fig. 4. Élévation
Fig. 5. Coupe
Fig. 6. Détail du frein Buffington
Roue (Fig 10 et 11)
Fig. 10 Élévation
Fig. 11 Plan et Coupe
Fig. 7. Détail du moyeu
Avant train d'affût pour canon de campagne de 81‰3 (Fig 8 et 9)
Fig. 8 Élévation
Fig. 9 Plan

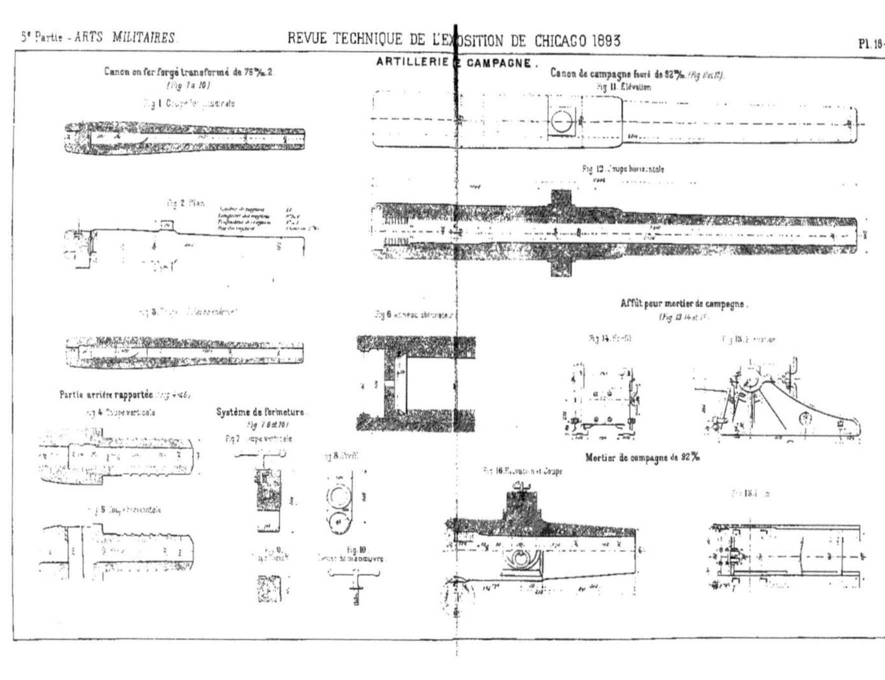
ARTILLERIE DE CAMPAGNE.
Canon en fer forgé transformé de 76%m2
(Fig. 1 à 10)
Fig. 1. Coupe longitudinale
Fig. 2. Plan
Fig. 3.
Partie arrière rapportée
Fig. 4. Coupe verticale
Fig. 5. Coupe horizontale
Système de fermeture.
(Fig. 7 à 10)
Fig. 7. Coupe verticale
Fig. 8. Profil
Fig. 10.
Fig. 10
Levier de manœuvre.
Fig. 6. Anneau obturateur
Canon de campagne foré de 92%m (Fig. 11 et 12).
Fig. 11. Élévation
Fig. 12. Coupe horizontale
Affût pour mortier de campagne.
(Fig. 13, 14 et 15)
Fig. 14. Profil
Fig. 15. Élévation
Mortier de campagne de 92%m
Fig. 16. Élévation et Coupe

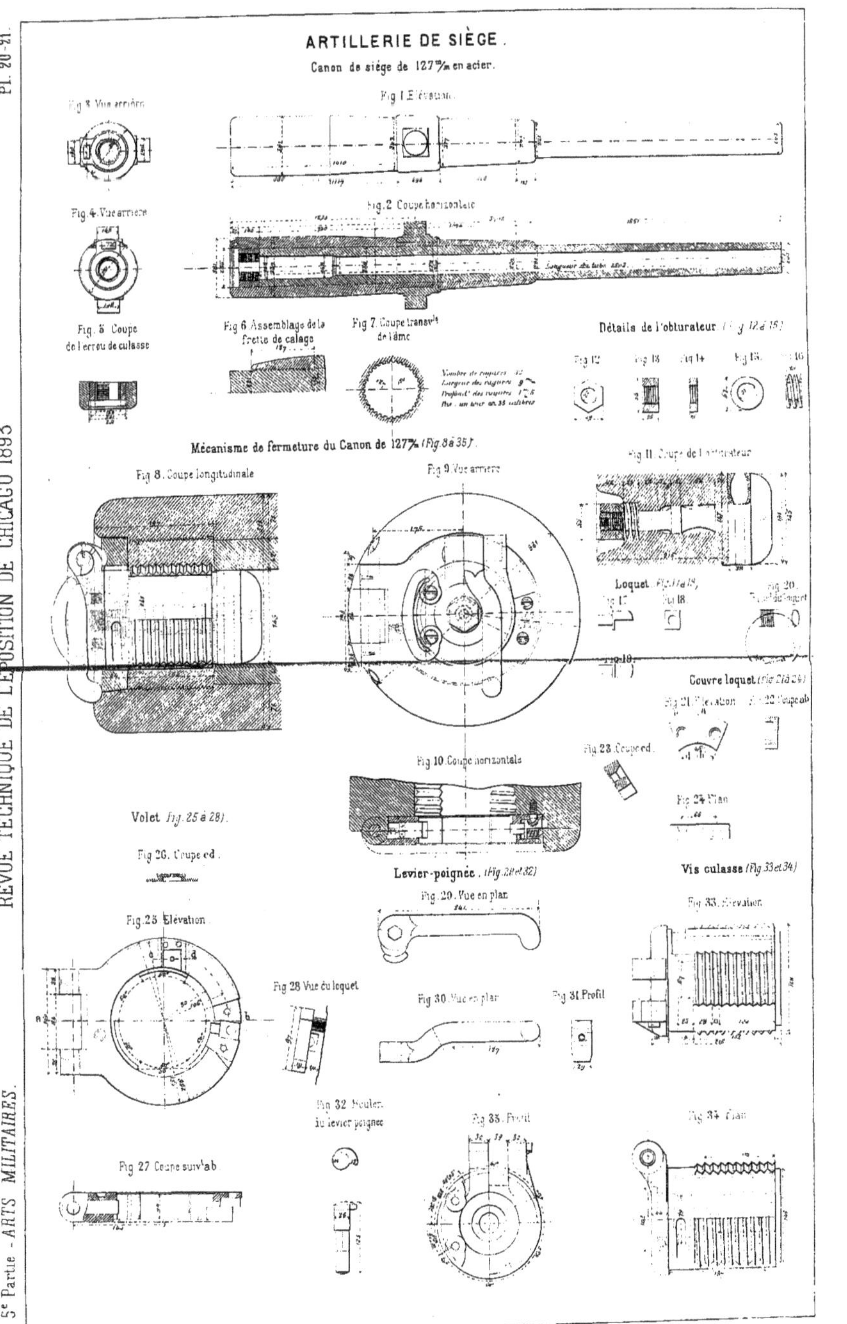
ARTILLERIE DE SIÈGE.
Canon de siége de 127m/m en acier.
Fig. 1 Élévation.
Fig. 2 Coupe horizontale
Fig. 3 Vue arrière
Fig. 4 Vue arrière
Fig. 5 Coupe de l'écrou de culasse
Fig. 6 Assemblage de la frette de calage
Fig. 7 Coupe transv.le de l'âme
Détails de l'obturateur (Fig. 12 à 16)
Mécanisme de fermeture du Canon de 127m/m (Fig. 8 à 35)
Fig. 8. Coupe longitudinale
Fig. 9. Vue arrière
Fig. 11. Coupe de l'obturateur
Loquet
Couvre loquet
Fig. 23 Coupe cd.
Fig. 24 Plan
Fig. 10. Coupe horizontale
Volet (Fig. 25 à 28).
Fig. 26. Coupe cd.
Levier-poignée. (Fig. 29 et 32)
Vis culasse (Fig. 33 et 34)
Fig. 29. Vue en plan
Fig. 33. Élévation
Fig. 25 Élévation
Fig. 28 Vue du loquet
Fig. 30 Vue en plan
Fig. 31 Profil
Fig. 32 Boulon du levier poignée
Fig. 35 Profil
Fig. 34 Plan
Fig. 27 Coupe suiv.t ab

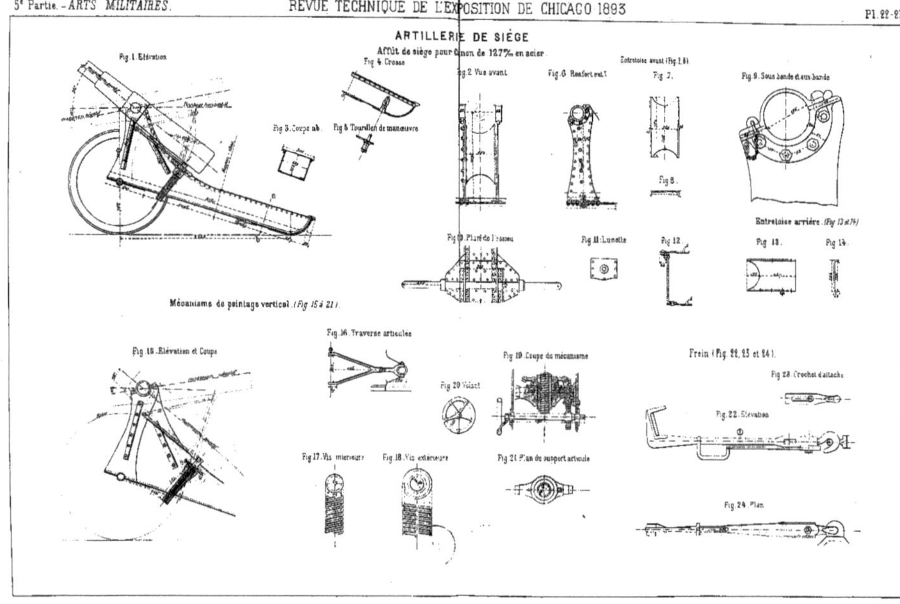
ARTILLERIE DE SIÈGE
Affût de siège pour Canon de 127% en acier
Fig. 1. Élévation
Fig. 4. Crosse
Fig. 2. Vue avant
Fig. 6. Renfort ext.r
Entretoise avant (Fig. 7, 8).
Fig. 7.
Fig. 9. Sous bande et sus bande
Fig. 3. Coupe ab.
Fig. 5. Tourillon de manœuvre
Fig. 8.
Entretoise arrière. (Fig. 13 et 14)
Fig. 10. Plan de l'essieu
Fig. 11. Lunette
Fig. 12.
Fig. 13.
Fig. 14.
Mécanisme de pointage vertical. (Fig. 15 à 21).
Fig. 16. Traverse articulée
Fig. 15. Élévation et Coupe
Fig. 19. Coupe du mécanisme
Frein (Fig. 22, 23 et 24).
Fig. 20. Volant
Fig. 23. Crochet d'attache
Fig. 22. Élévation
Fig. 17. Vis intérieure
Fig. 18. Vis extérieure
Fig. 21. Plan du support articulé
Fig. 24. Plan

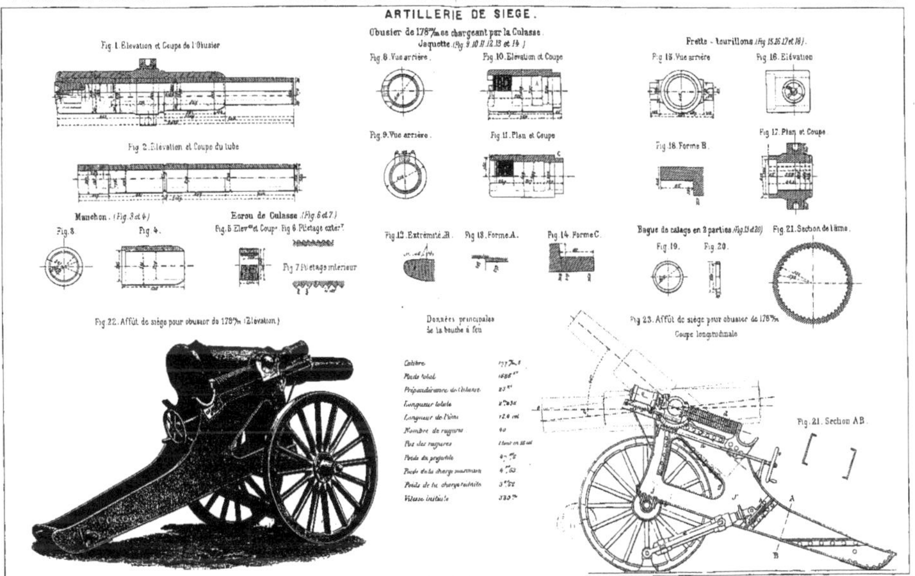
ARTILLERIE DE SIEGE.
Obusier de 178 m/m se chargeant par la Culasse.
Jaquette (Fig. 9.10.11.12.13 et 14)
Fig. 1. Élévation et Coupe de l'Obusier
Fig. 2. Élévation et Coupe du tube
Manchon. (Fig. 3 et 4)
Fig. 3.
Fig. 4.
Ecrou de Culasse (Fig. 6 et 7)
Fig. 5 Élevon et Coupe
Fig. 6 Filetage extér.
Fig. 7 Filetage intérieur
Fig. 8. Vue arrière.
Fig. 9. Vue arrière.
Fig. 10. Élévation et Coupe
Fig. 11. Plan et Coupe
Fig. 12. Extrémité B.
Fig. 13. Forme A.
Fig. 14. Forme C.
Frette - tourillons (Fig. 15.16.17 et 18)
Fig. 15. Vue arrière
Fig. 16. Élévation
Fig. 17. Plan et Coupe
Fig. 18. Forme B.
Bague de calage en 2 parties (Fig. 19 et 20)
Fig. 19.
Fig. 20.
Fig. 21. Section de l'âme.
Fig. 22. Affût de siège pour obusier de 178 m/m (Élévation)
Données principales de la bouche à feu
Calibre
Poids total
Prépondérance de culasse
Longueur totale
Longueur de l'âme
Nombre de rayures
Pas des rayures
Poids du projectile
Poids de la charge maximum
Poids de la charge réduite
Vitesse initiale
Fig. 23. Affût de siège pour obusier de 178 m/m
Coupe longitudinale
Fig. 21. Section AB.

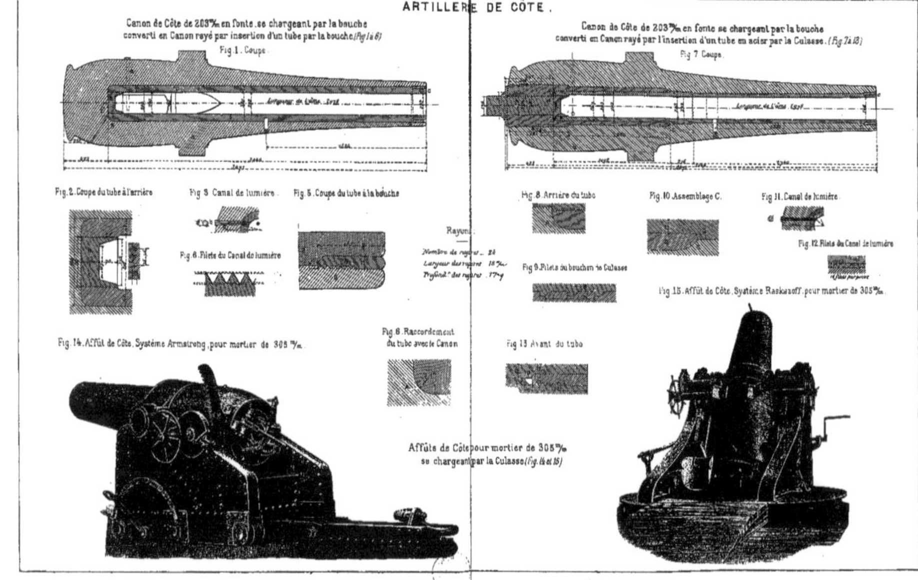
ARTILLERIE DE CÔTE.
Canon de Côte de 203 m/m en fonte, se chargeant par la bouche converti en Canon rayé par insertion d'un tube par la bouche (Fig 1 à 6)
Fig. 1. Coupe.
Longueur de l'âme
Fig. 2. Coupe du tube à l'arrière
Fig 3. Canal de lumière.
Fig. 5. Coupe du tube à la bouche
Fig. 6. Filets du Canal de lumière
Rayures:
Nombre de rayures .. 24
Largeur des rayures 18 m/m
Profond.r des rayures
Fig. 6. Raccordement du tube avec le Canon
Fig. 14. Affût de Côte, Système Armstrong, pour mortier de 305 m/m.
Canon de Côte de 203 m/m en fonte se chargeant par la bouche converti en Canon rayé par l'insertion d'un tube en acier par la Culasse. (Fig. 7 à 13)
Fig 7. Coupe.
Longueur de l'âme
Fig. 8. Arrière du tube
Fig. 10. Assemblage C.
Fig 11. Canal de lumière.
Fig. 12. Filets du Canal de lumière
Fig 9. Filets du bouchon de Culasse
Fig 13. Avant du tube
Fig 15. Affût de Côte, Système Raskazoff, pour mortier de 305 m/m.
Affûts de Côte pour mortier de 305 m/m se chargeant par la Culasse (Fig. 14 et 15)

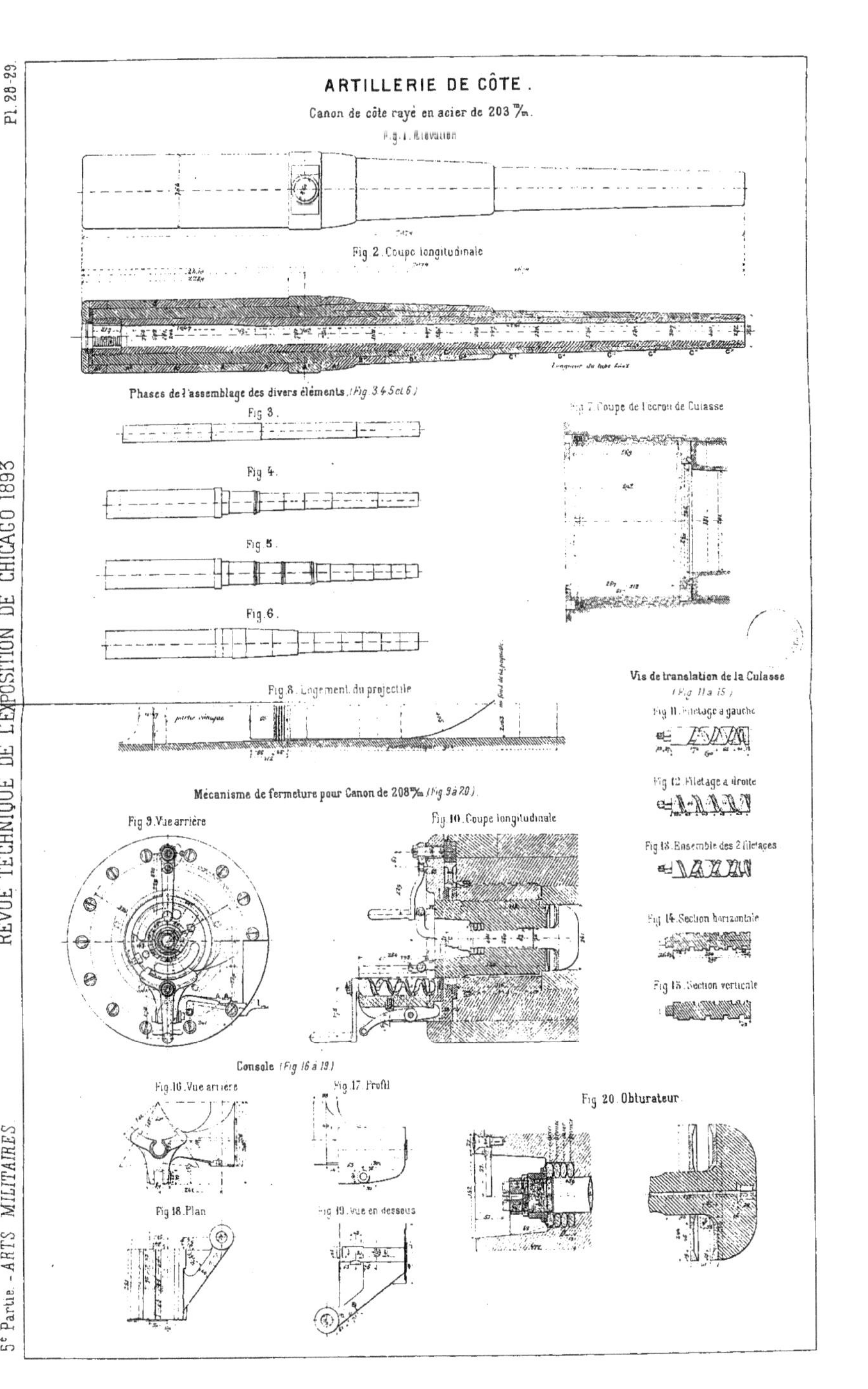
ARTILLERIE DE CÔTE.
Canon de côte rayé en acier de 203 m/m.
Fig. 1. Élévation
Fig. 2. Coupe longitudinale
Phases de l'assemblage des divers éléments. (Fig. 3, 4, 5 et 6)
Fig. 3.
Fig. 4.
Fig. 5.
Fig. 6.
Fig. 7. Coupe de l'écrou de Culasse
Fig. 8. Logement du projectile
Vis de translation de la Culasse (Fig. 11 à 15)
Fig. 11. Filetage à gauche
Fig. 12. Filetage à droite
Fig. 13. Ensemble des 2 filetages
Fig. 14. Section horizontale
Fig. 15. Section verticale
Mécanisme de fermeture pour Canon de 208 m/m (Fig. 9 à 20)
Fig. 9. Vue arrière
Fig. 10. Coupe longitudinale
Console (Fig. 16 à 19)
Fig. 16. Vue arrière
Fig. 17. Profil
Fig. 18. Plan
Fig. 19. Vue en dessous
Fig. 20. Obturateur

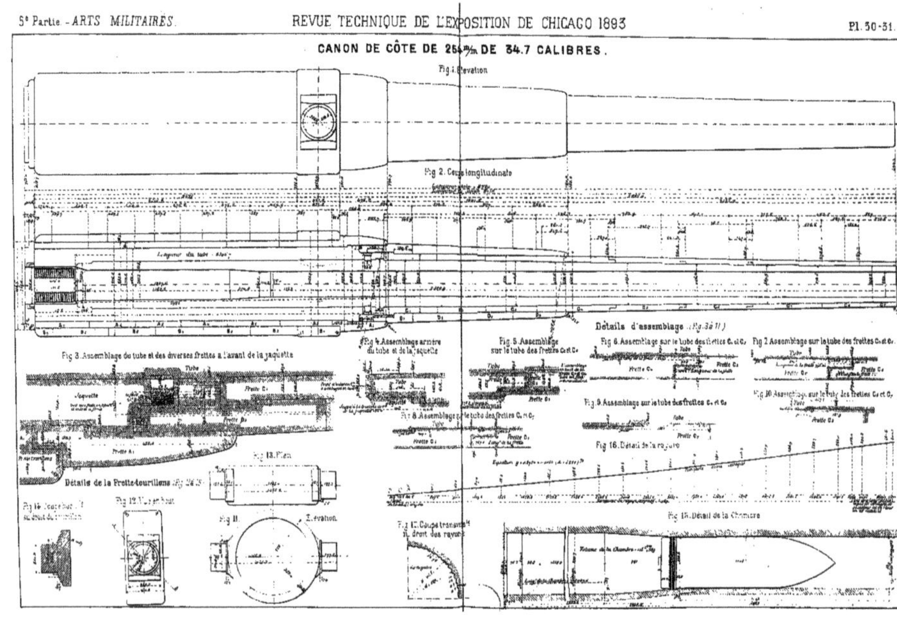
5e Partie - ARTS MILITAIRES.
REVUE TECHNIQUE DE L'EXPOSITION DE CHICAGO 1893
Pl. 30-31.
CANON DE CÔTE DE 254 m/m DE 34.7 CALIBRES.
Fig. 1. Élevation
Fig. 2. Coupe longitudinale
Fig. 3. Assemblage du tube et des diverses frettes à l'avant de la jaquette
Fig. 4. Assemblage arrière du tube et de la jaquette
Fig. 5. Assemblage sur le tube des frettes
Détails d'assemblage
Fig. 9. Assemblage sur le tube des frettes
Fig. 16. Détail de la rayure
Détails de la Frette-tourillons
Fig. 13. Plan
Fig. 12. Vue en bout
Fig. 11. Élevation
Fig. 15. Détail de la Chambre

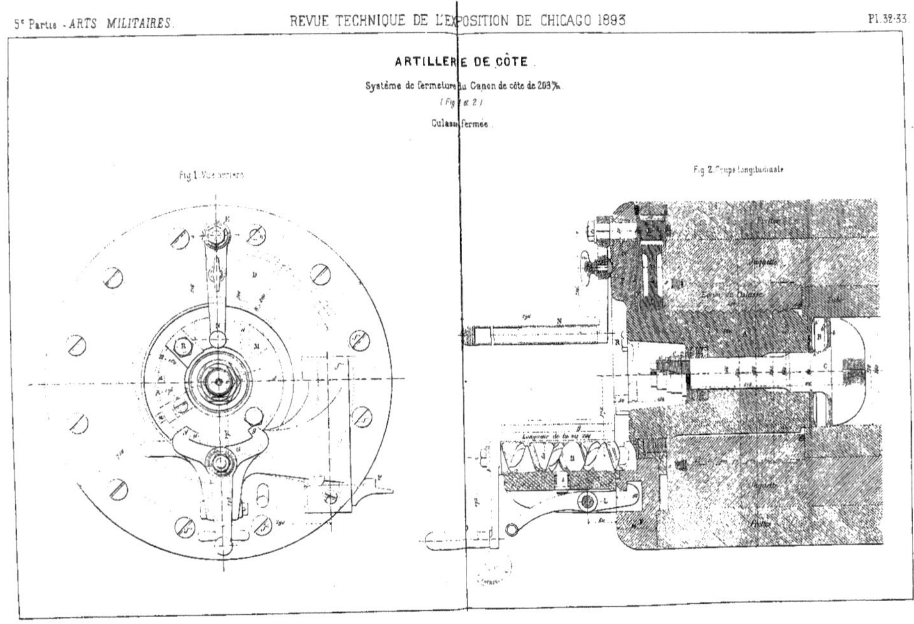
ARTILLERIE DE CÔTE.
Système de fermeture du Canon de côte de 203%.
(Fig 1 et 2)
Culasse fermée.
Fig. 1. Vue arrière
Fig. 2. Coupe longitudinale

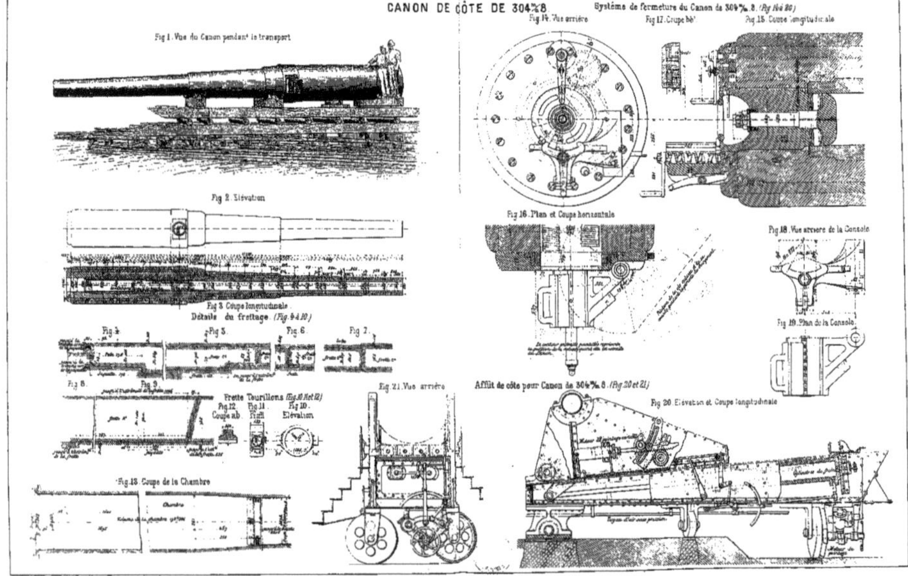
CANON DE CÔTE DE 304%8
Système de fermeture du Canon de 304%.8.
Fig 14. Vue arrière
Fig 17. Coupe bb'
Fig 15. Coupe longitudinale
Fig 1. Vue du Canon pendant le transport
Fig 2. Elévation
Fig 3. Coupe longitudinale
Détails du frettage (Fig. 4 à 10)
Fig 4.
Fig 5.
Fig 6.
Fig 7.
Fig 8.
Fig 9.
Frette Tourillons (Fig 10 11 et 12)
Fig 12 Coupe ab
Fig 11
Fig 10 Elévation
Fig 13. Coupe de la Chambre
Fig 16. Plan et Coupe horizontale
Fig 18. Vue arrière de la Console
Fig 19. Plan de la Console
Fig 21. Vue arrière
Affût de côte pour Canon de 304%.8. (Fig 20 et 21)
Fig 20. Elévation et Coupe longitudinale

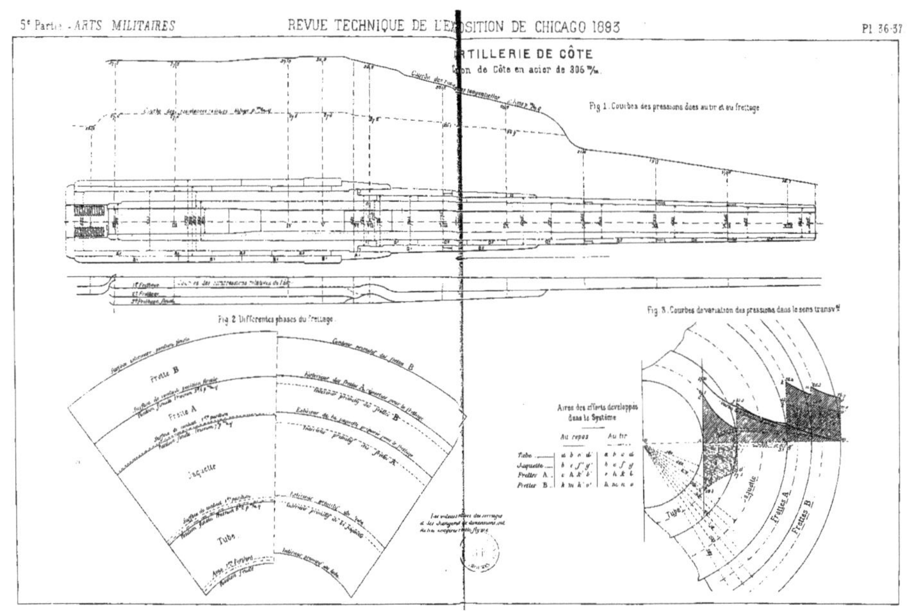
ARTILLERIE DE CÔTE
Canon de Côte en acier de 305 m/m.
Fig. 1. Courbes des pressions dues au tir et au frettage
Fig. 2 Différentes phases du frettage.
Frette B
Frette A
Jaquette
Tube
Fig. 3. Courbes de variation des pressions dans le sens transvl
Aires des efforts developpés dans le Système
Au repos
Au tir
Tube
Jaquette
Frettes A
Frettes B

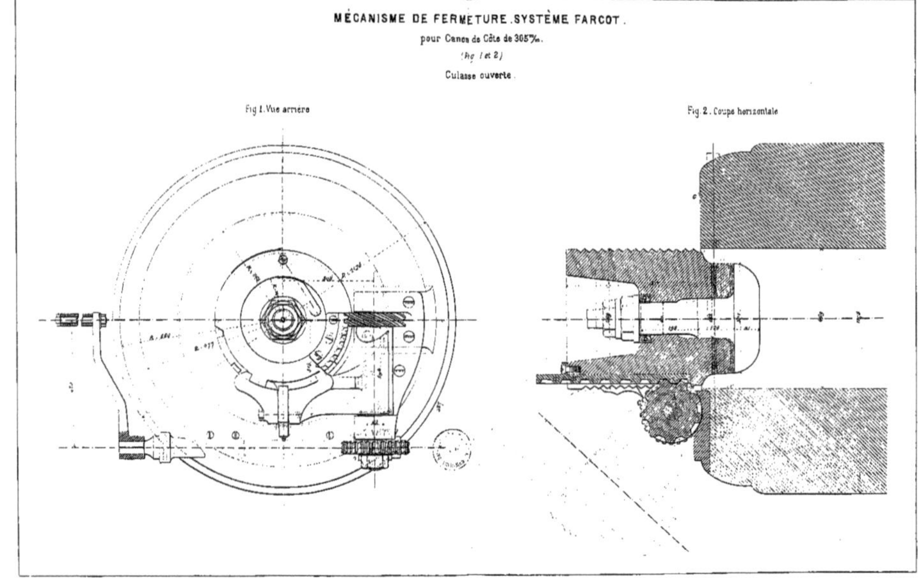
MÉCANISME DE FERMETURE. SYSTÈME FARCOT.
pour Canons de Côte de 305%.
(Fig. 1 et 2)
Culasse ouverte.
Fig. 1. Vue arrière
Fig. 2. Coupe horizontale

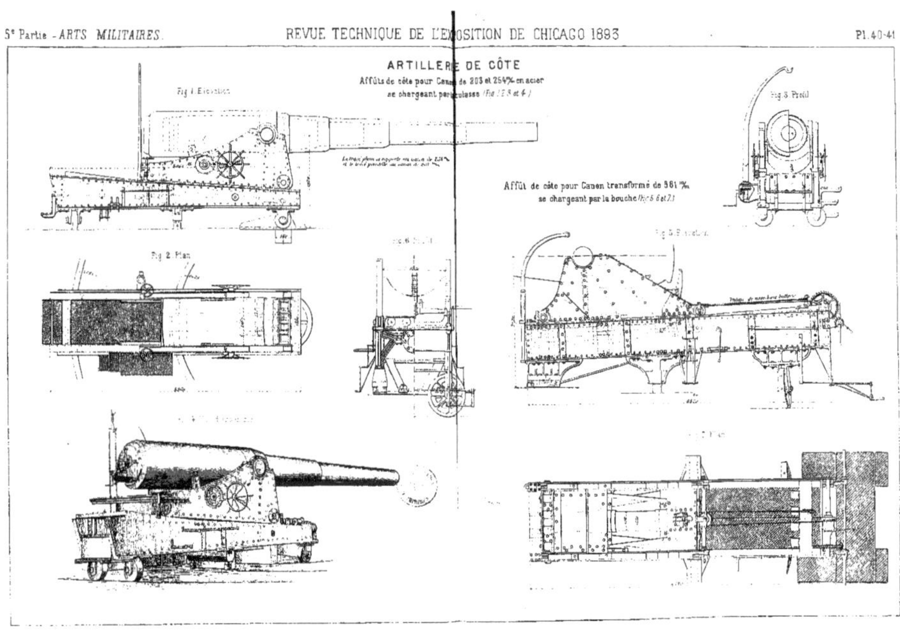
ARTILLERIE DE CÔTE
Affûts de côte pour Canons de 203 et 254 m/m en acier
se chargeant par culasse (Fig 1 2 3 et 4)
Fig 1. Elévation
Fig 2. Plan
Fig 3. Profil
Affût de côte pour Canon transformé de 381 m/m
se chargeant par la bouche (Fig 5 6 et 7)

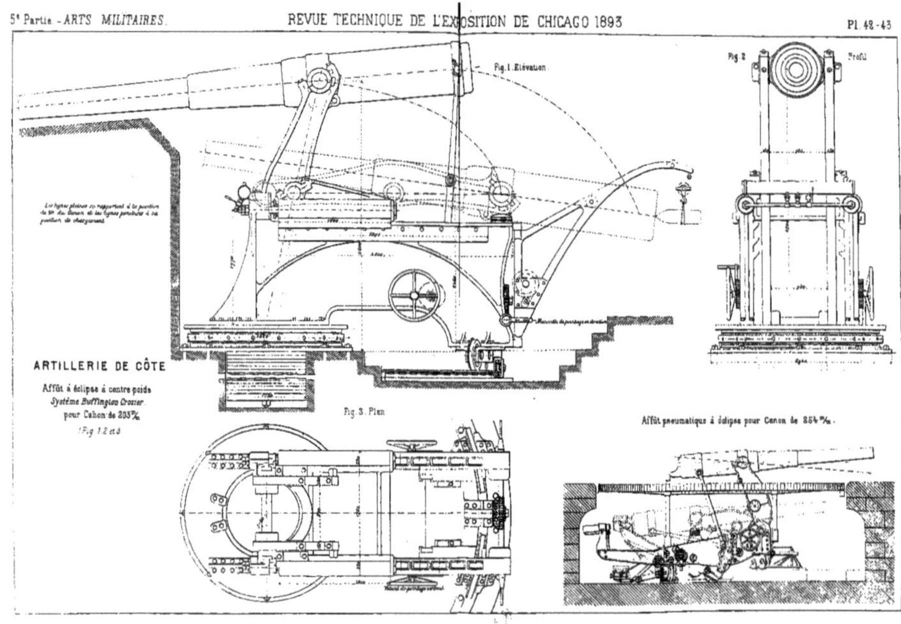
Fig. 1 Elévation
Fig. 2 Profil
Fig. 3 Plan
ARTILLERIE DE CÔTE
Affût à éclipse à contre-poids
Système Buffington Crozier
pour Canon de 203 m/m
(Fig. 1.2 et 3
Affût pneumatique à éclipse pour Canon de 254 m/m.

ARTILLERIE DE CÔTE

Affût à éclipse à contre-poids. (*Système Gordon*).

Fig. 1. Élévation (Position de tir)

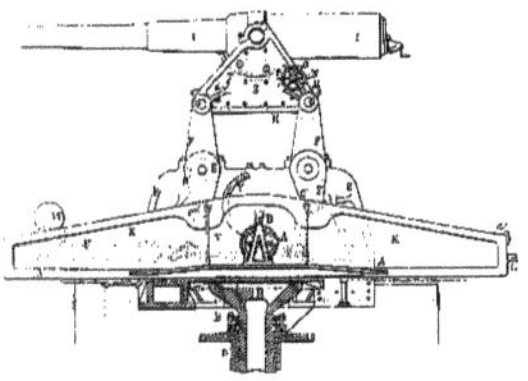

Fig. 2. Profil (Position de tir)

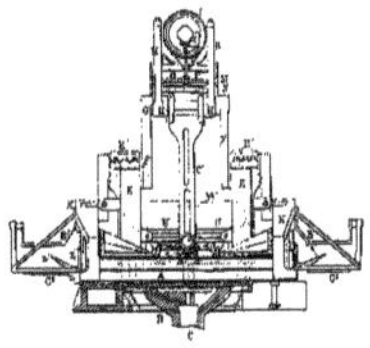

Fig. 3. Élévation (Position de chargement)

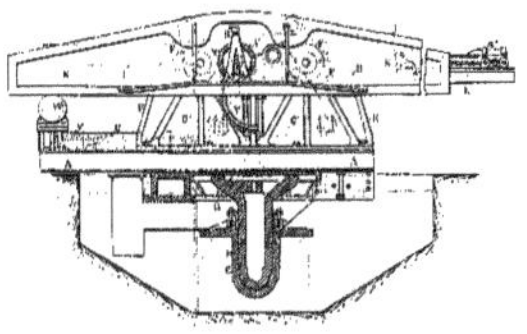

Fig. 5. Affûts à éclipse de la "Pneumatic Power Storage Company" pour canons de 254 m/m

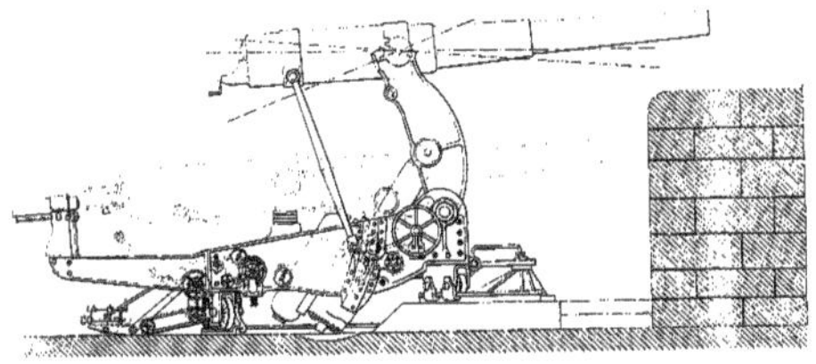

Fig. 4. Plan (Position de chargement)

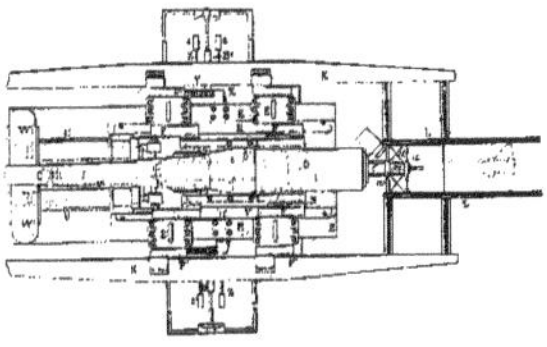

ARTILLERIE DE CÔTE

Affût de côte, Système Spiller, pour mortier de 305 m/m *(Fig. 1, 2 et 3)*.

Fig. 1. Coupe transversale

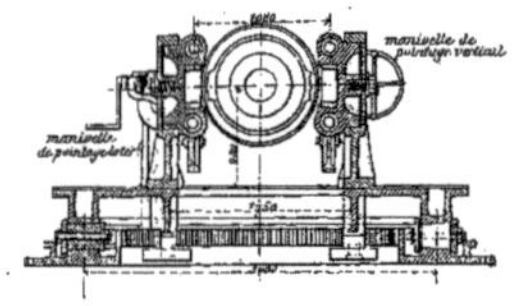

Fig. 2. Élévation

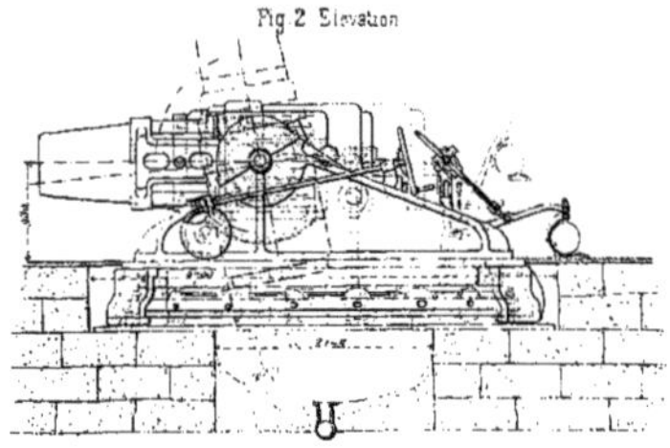

Mortier de côte en acier de 305 m/m *(Fig. 4 et 5)*.

Fig. 4. Élévation

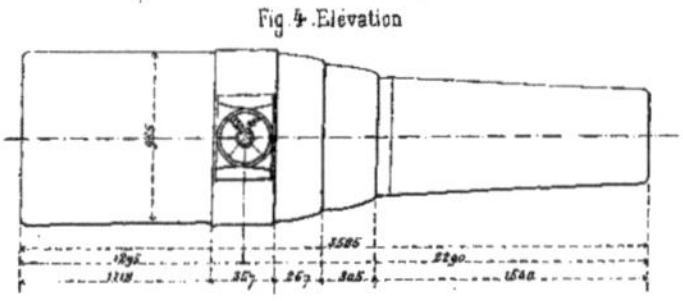

Fig. 3. Vue en plan

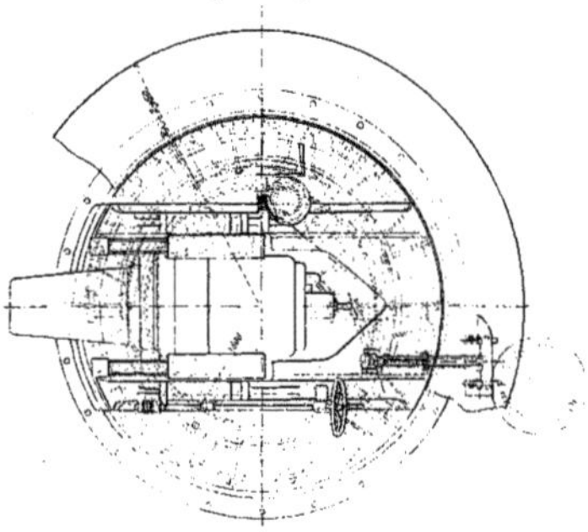

Fig. 5. Coupe longitudinale

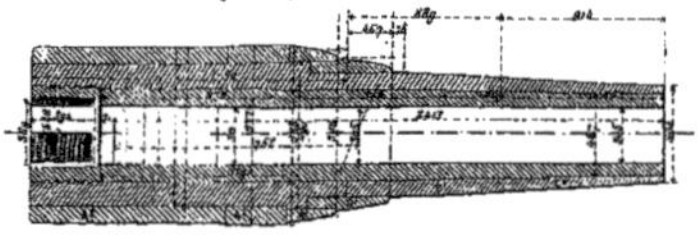

Fig. 6. **Mortier de côte en fonte fretté en acier de 305 m/m.**

Courbe de résistance en Kil. p. m/m q.

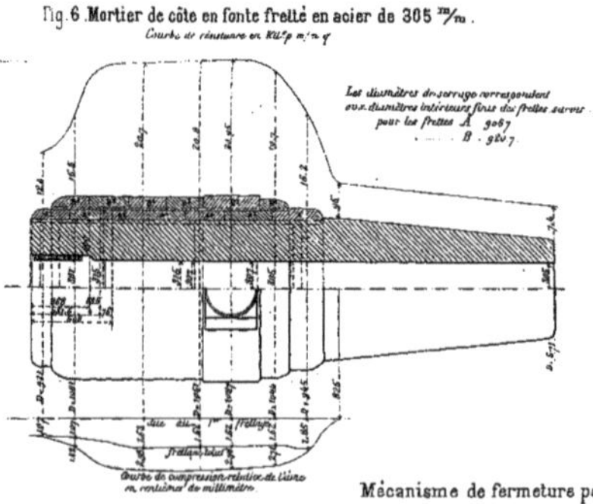

Fig. 7. **Obusier de côte de 508 m/m, se chargeant par la bouche.**

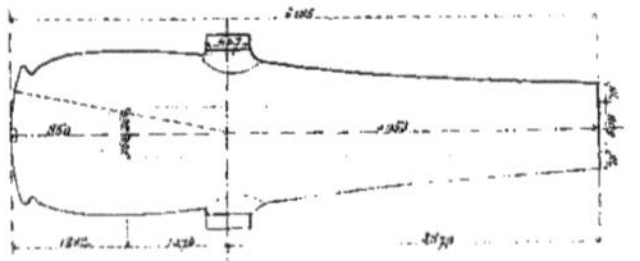

Mécanisme de fermeture pour mortier de 305 m/m *(Fig. 8 et 9)*

Fig. 8. Vue arrière

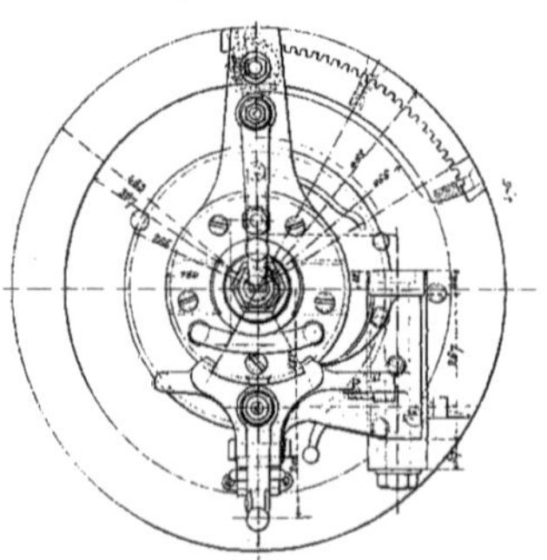

Fig. 9. Coupe longitudinale

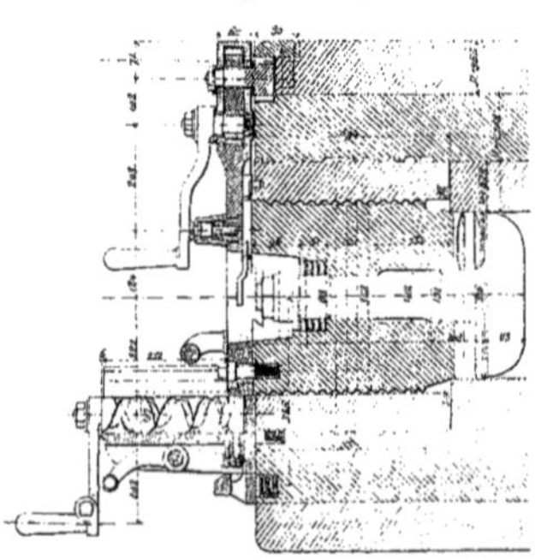

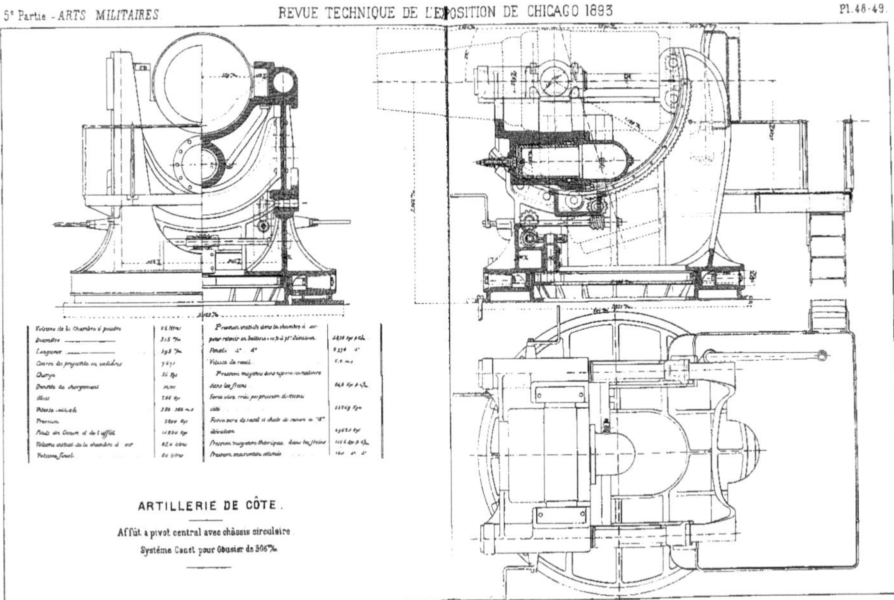
5e Partie - ARTS MILITAIRES.
REVUE TECHNIQUE DE L'EXPOSITION DE CHICAGO 1893
Pl. 48-49.
Volume de la Chambre à poudre | [illegible]
Diamètre | 315 m/m
Longueur | [illegible]
Course du projectile en calibres | [illegible]
Charge | [illegible]
Densité de chargement | [illegible]
Obus | [illegible]
Vitesse initiale | [illegible]
Pression | [illegible]
Poids du Canon et de l'affût | [illegible]
Volume initial de la chambre à air | [illegible]
Volume final | [illegible]
Pression initiale dans la chambre à air pour retenir en batterie | [illegible]
Finale d° d° | [illegible]
Vitesse de recul | [illegible]
Pression moyenne dans les freins | [illegible]
Force vive | [illegible]
Force vive de recul et chute du canon | [illegible]
Pression moyenne théorique dans les freins | [illegible]
Pression maximum estimée | [illegible]
ARTILLERIE DE CÔTE.
Affût à pivot central avec châssis circulaire.
Système Canet pour Obusier de 305 m/m

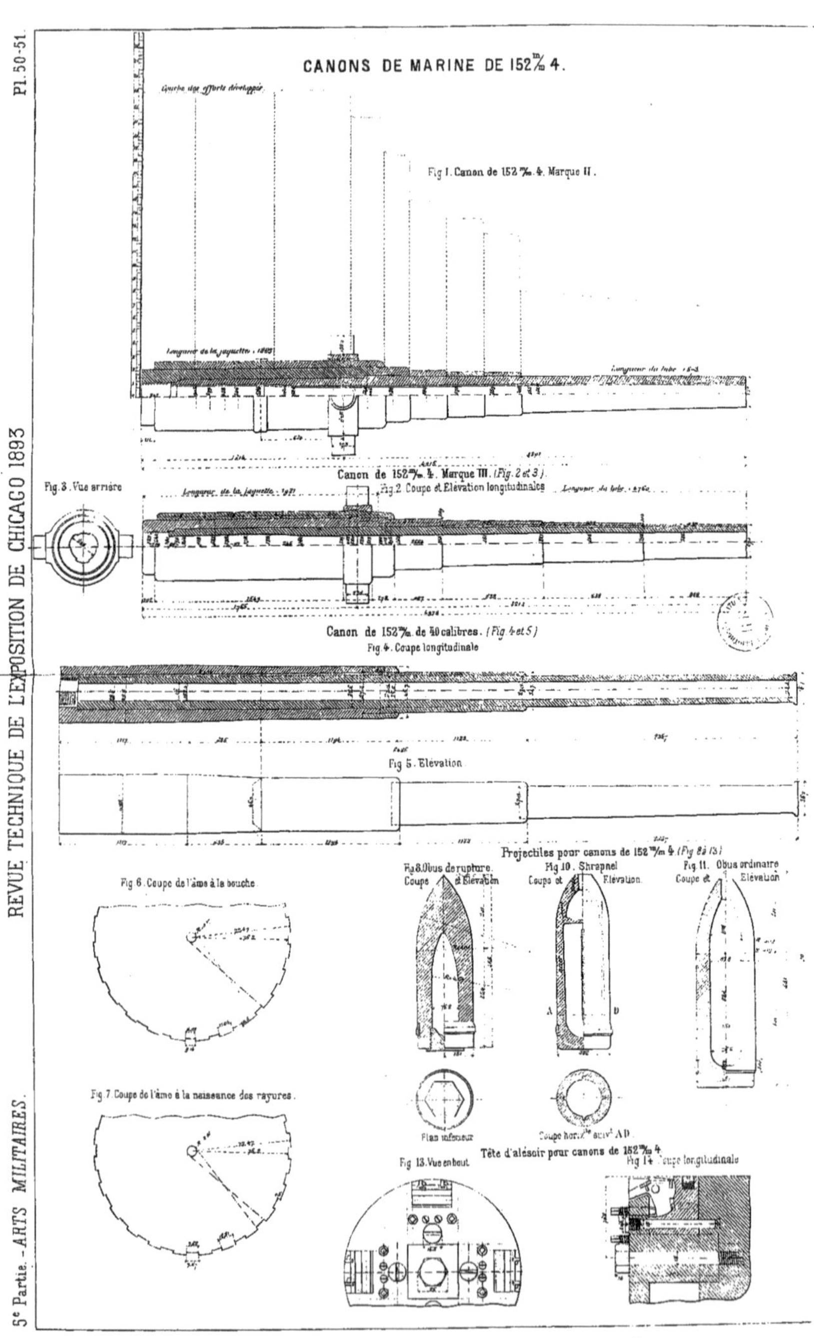
CANONS DE MARINE DE 152 m/m 4.
Courbe des efforts développés
Fig 1. Canon de 152 m/m 4. Marque II.
Longueur de la jaquette
Longueur du tube
Canon de 152 m/m 4. Marque III. (Fig. 2 et 3).
Fig. 3. Vue arrière
Fig. 2. Coupe et Élévation longitudinales
Canon de 152 m/m de 40 calibres. (Fig 4 et 5)
Fig. 4. Coupe longitudinale
Fig 5. Élévation
Projectiles pour canons de 152 m/m 4 (Fig 8 à 13)
Fig. 6. Coupe de l'âme à la bouche.
Fig 8. Obus de rupture. Coupe et Élévation
Fig 10. Shrapnel Coupe et Élévation
Fig 11. Obus ordinaire Coupe et Élévation
A
B
Plan inférieur
Coupe horiz.le suiv.t AB
Fig 7. Coupe de l'âme à la naissance des rayures.
Tête d'alésoir pour canons de 152 m/m 4
Fig 13. Vue en bout
Fig 14. Coupe longitudinale

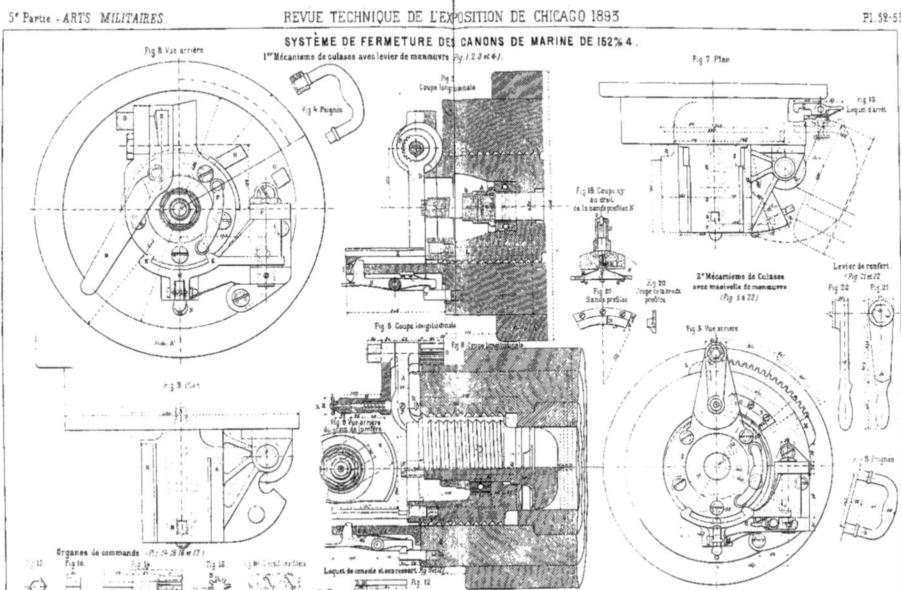

5e Partie - ARTS MILITAIRES.
REVUE TECHNIQUE DE L'EXPOSITION DE CHICAGO 1893
Pl. 52-53
SYSTÈME DE FERMETURE DES CANONS DE MARINE DE 152%4.
1er Mécanisme de culasse avec levier de manœuvre (Fig. 1. 2. 3 et 4).
Fig 8. Vue arrière
Fig 4. Poignée
Coupe longitudinale
Fig 7. Plan
Fig 13. Loquet d'arrêt
Fig 3. Plan
Fig 5. Coupe longitudinale
Fig 6. Coupe longitudinale
Fig 9. Vue arrière du grain de lumière
Fig 18. Coupe xy au droit de la bande profilée N
Fig 19. Bande profilée
Fig 20. Coupe de la bande profilée
2e Mécanisme de Culasse avec manivelle de manœuvre (Fig. 5 à 22)
Levier de renfort (Fig. 21 et 22)
Fig 22.
Fig 21.
Fig 5. Vue arrière
Organes de commande (Fig. 14. 15. 16 et 17)
Fig 16.
Fig 15.
Loquet de console et son ressort
Fig 12.
Fig 11.

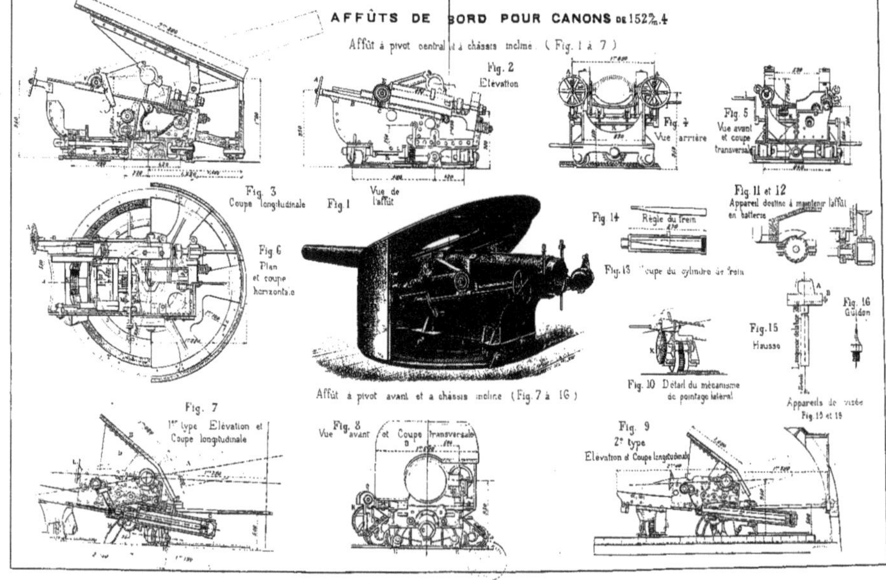
AFFÛTS DE BORD POUR CANONS DE 152 m/m 4
Affût à pivot central et à châssis incliné. (Fig. 1 à 7)
Fig. 2
Élévation
Fig. 4
Vue arrière
Fig. 5
Vue avant et coupe transversale
Fig. 3
Coupe longitudinale
Fig. 1
Vue de l'affût
Fig. 11 et 12
Appareil destiné à maintenir l'affût en batterie
Fig. 14
Règle du frein
Fig. 13 Coupe du cylindre de frein
Fig. 6
Plan et coupe horizontale
Fig. 16
Guidon
Fig. 15
Hausse
Fig. 10 Détail du mécanisme de pointage latéral
Affût à pivot avant et à châssis incliné (Fig. 7 à 16)
Appareils de visée
Fig. 15 et 16
Fig. 7
1er type Élévation et Coupe longitudinale
Fig. 8
Vue avant et Coupe transversale
Fig. 9
2e type
Élévation et Coupe longitudinale

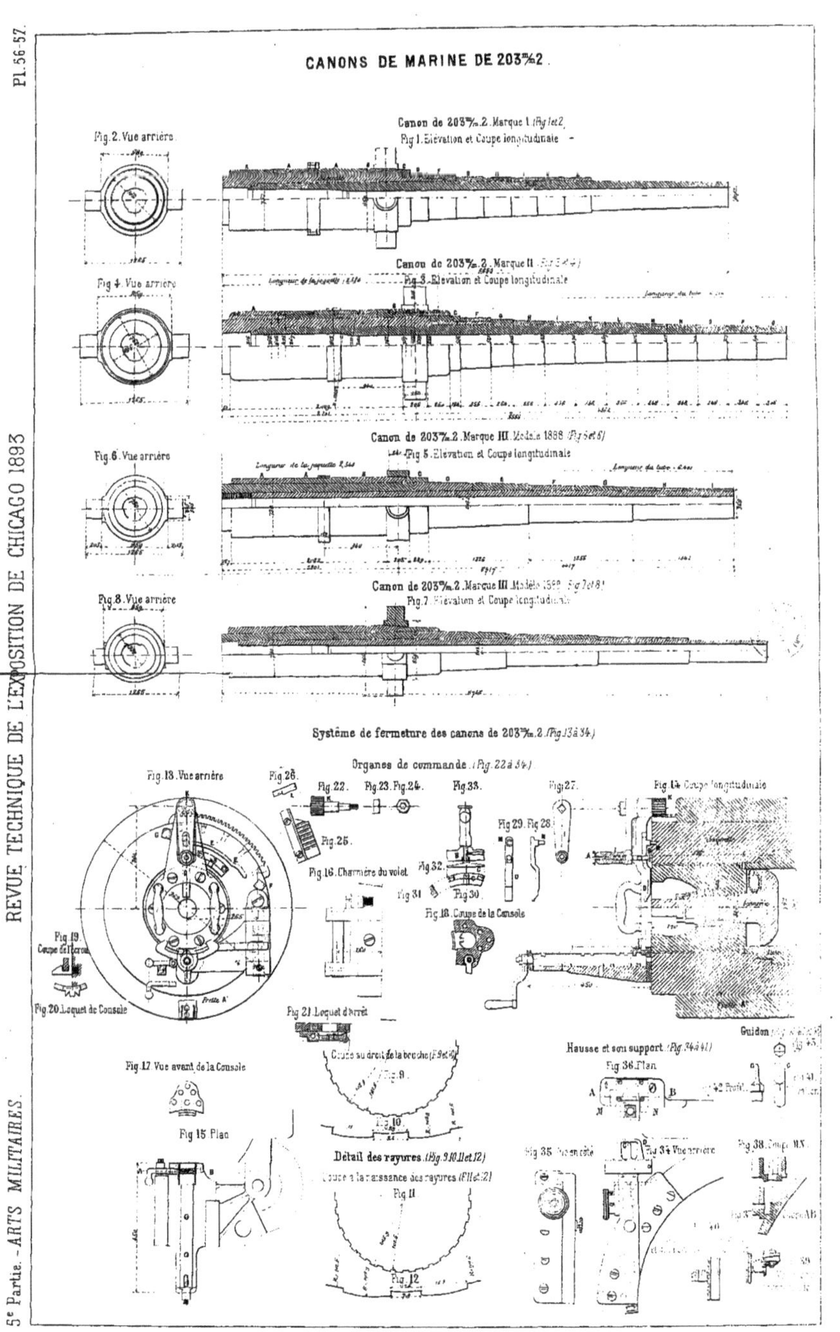

Pl. 56-57.
REVUE TECHNIQUE DE L'EXPOSITION DE CHICAGO 1893
5e Partie. - ARTS MILITAIRES.
CANONS DE MARINE DE 203m/m2.
Canon de 203m/m.2. Marque I (Fig 1 et 2)
Fig 1. Elévation et Coupe longitudinale
Fig. 2. Vue arrière
Canon de 203m/m.2. Marque II (Fig 3 et 4)
Fig 3. Elévation et Coupe longitudinale
Fig 4. Vue arrière
Canon de 203m/m.2. Marque III. Modèle 1888 (Fig 5 et 6)
Fig 5. Elévation et Coupe longitudinale
Fig. 6. Vue arrière
Canon de 203m/m.2. Marque III Modèle 1888 (Fig 7 et 8)
Fig 7. Elévation et Coupe longitudinale
Fig. 8. Vue arrière
Système de fermeture des canons de 203m/m.2 (Fig 13 à 34)
Organes de commande (Fig. 22 à 34)
Fig 13. Vue arrière
Fig 26.
Fig 22.
Fig 23.
Fig 24.
Fig 25.
Fig 33.
Fig 27.
Fig 14. Coupe longitudinale
Fig 29.
Fig 28.
Fig 16. Charnière du volet
Fig 32.
Fig 31
Fig 30.
Fig 18. Coupe de la Console
Fig 19. Coupe de l'Ecrou
Fig 20. Loquet de Console
Fig 21. Loquet d'arrêt
Fig 17. Vue avant de la Console
Coupe au droit de la bouche (Fig 9 et 10)
Fig. 9.
Fig 10
Fig 15 Plan
Détail des rayures. (Fig. 9, 10, 11 et 12)
Coupe à la naissance des rayures (Fig 11 et 12)
Fig 11
Fig 12
Hausse et son support. (Fig 34 à 41)
Guidon
Fig 36. Plan
Fig 35
Fig 34 Vue arrière
Fig 38. Coupe MN

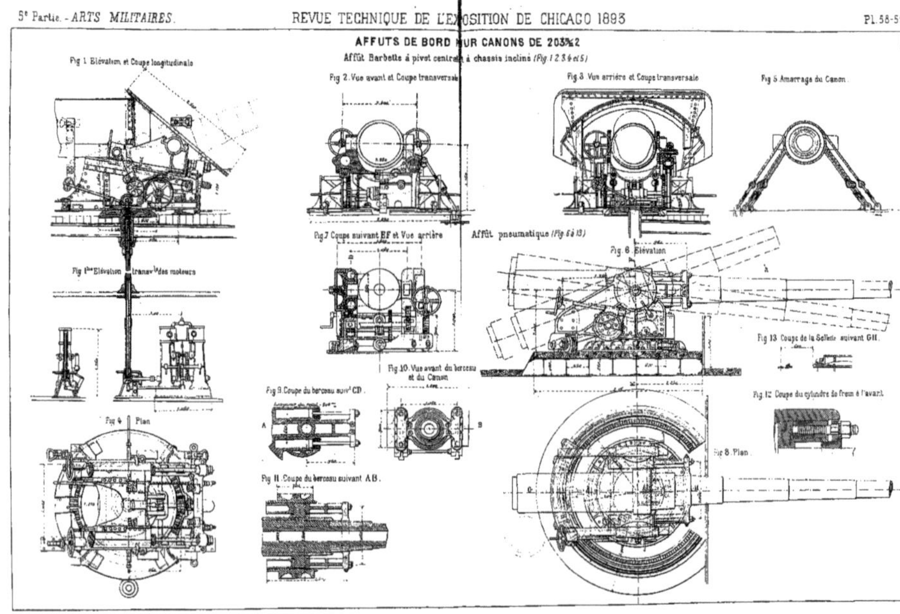
AFFUTS DE BORD POUR CANONS DE 203%2
Affût Barbette à pivot central à chassis incliné (Fig. 1 2 3 4 et 5)
Fig 1. Élévation et Coupe longitudinale
Fig 2. Vue avant et Coupe transversale
Fig. 3. Vue arrière et Coupe transversale
Fig 5. Amarrage du Canon.
Fig 1bis Élévation transv.le des moteurs
Fig 7. Coupe suivant EF et Vue arrière
Affût pneumatique (Fig. 6 à 13)
Fig. 6. Élévation
Fig 13. Coupe de la Sellette suivant GH.
Fig 10. Vue avant du berceau et du Canon
Fig 9. Coupe du berceau suiv.t CD.
Fig 12. Coupe du cylindre de frein à l'avant.
Fig 4. Plan
Fig 8. Plan
Fig 11. Coupe du berceau suivant AB.

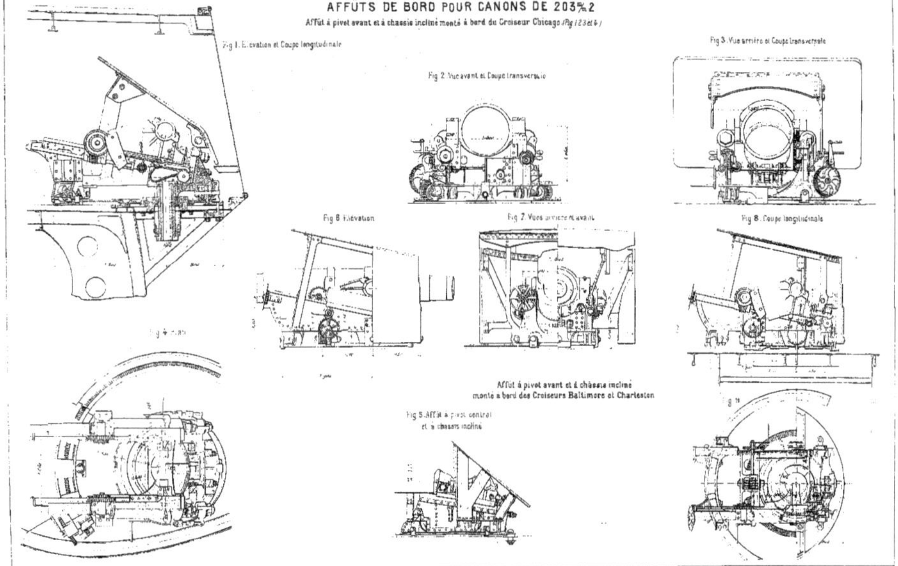

AFFÛTS DE BORD POUR CANONS DE 203%2
Affût à pivot avant et à chassis incliné monté à bord du Croiseur Chicago (Fig 1 2 3 et 4)
Fig 1. Elévation et Coupe longitudinale
Fig 2. Vue avant et Coupe transversale
Fig 3. Vue arrière et Coupe transversale
Fig 6. Elévation
Fig 8. Coupe longitudinale
Affût à pivot avant et à châssis incliné
monté à bord des Croiseurs Baltimore et Charleston
Fig 5. Affût à pivot central
et à chassis incliné

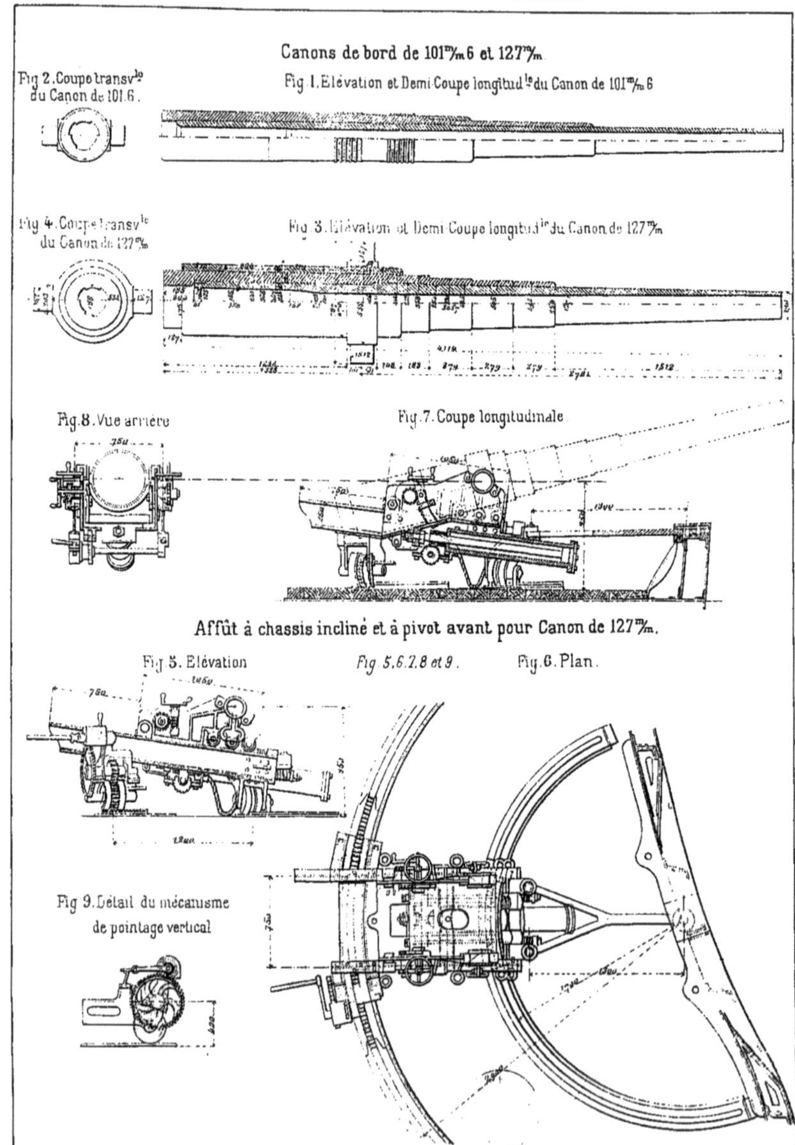
Canons de bord de 101m/m6 et 127m/m.
Fig. 2. Coupe transv.le du Canon de 101.6.
Fig. 1. Elévation et Demi-Coupe longitud.le du Canon de 101m/m6
Fig. 4. Coupe transv.le du Canon de 127m/m
Fig. 3. Elévation et Demi-Coupe longitud.le du Canon de 127m/m
Fig. 8. Vue arrière
Fig. 7. Coupe longitudinale
Affût à chassis incliné et à pivot avant pour Canon de 127m/m.
Fig. 5. Elévation
Fig. 5, 6, 7, 8 et 9.
Fig. 6. Plan.
Fig. 9. Détail du mécanisme de pointage vertical

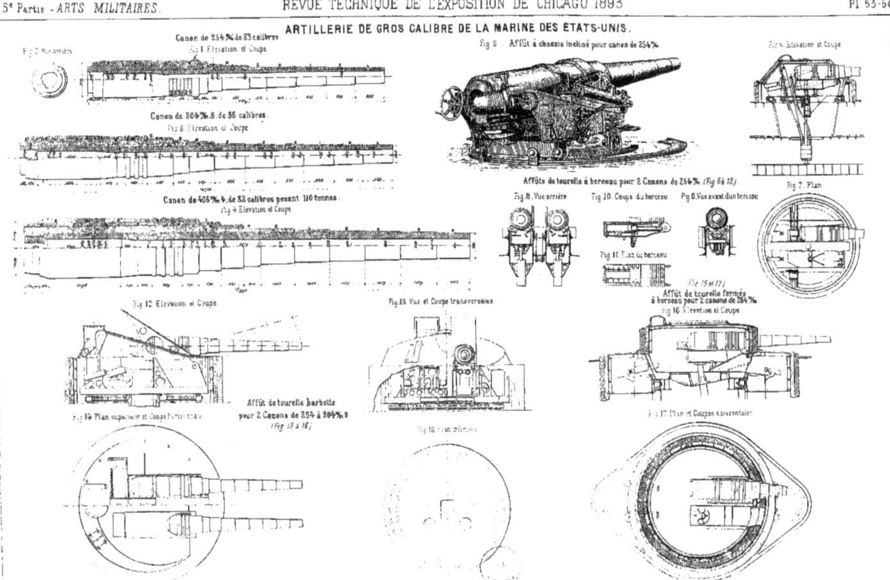
ARTILLERIE DE GROS CALIBRE DE LA MARINE DES ETATS-UNIS.
Canon de 254 m/m de 33 calibres.
Fig. 1. Elévation et Coupe
Canon de 304 m/m 8. de 35 calibres.
Canon de 406 m/m 4. de 32 calibres pesant 110 tonnes.
Fig. 4 Elévation et Coupe
Fig. 5. Affût à chassis incliné pour canon de 254 m/m
Affûts de tourelle à berceau pour 2 Canons de 254 m/m. (Fig. 6 à 12)
Fig. 8. Vue arrière
Fig. 10. Coupe du berceau
Fig. 9. Vue avant d'un berceau
Fig. 7. Plan
Fig. 11. Plan du berceau
Fig. 12 Elévation et Coupe
Fig. 13 Vue et Coupe transversales
Affût de tourelle fermée à berceau pour 2 canons de 254 m/m.
Fig. 16. Elévation et Coupe
Affût de tourelle barbette pour 2 Canons de 254 à 304 m/m 8 (Fig. 13 à 16)
Fig. 14 Plan supérieur et Coupe horizontale
Fig. 17. Plan et Coupes horizontales

TOURELLE A MANŒUVRES HYDRAULIQUES POUR CANONS JUMEAUX DE 254 %.

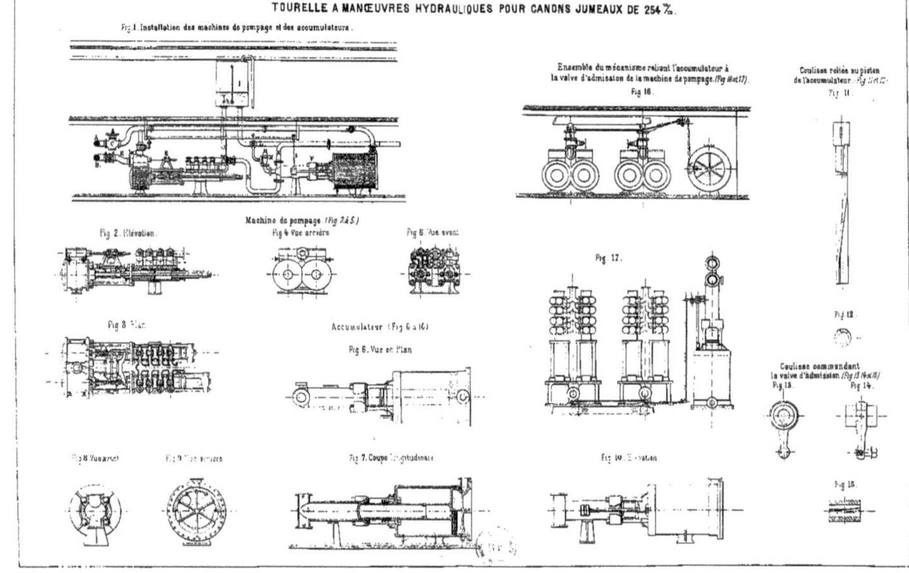

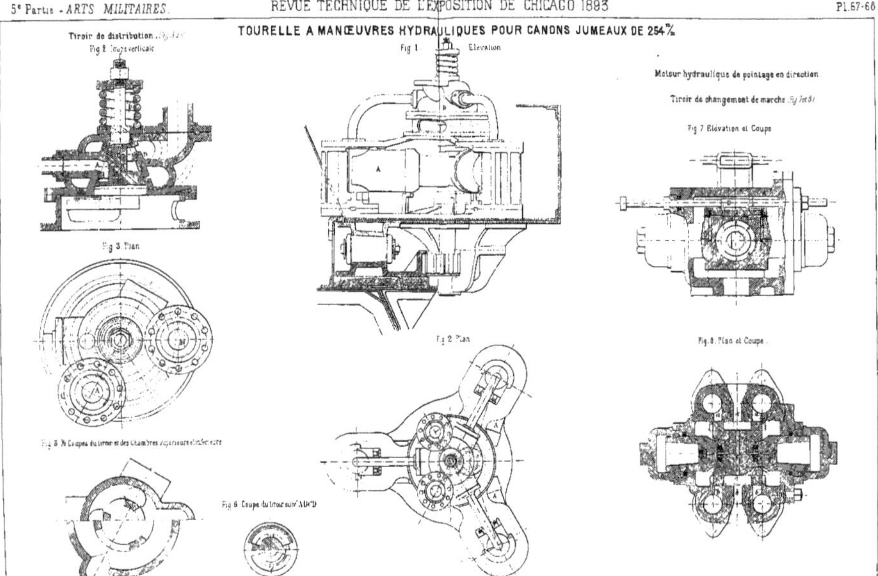
TOURELLE A MANŒUVRES HYDRAULIQUES POUR CANONS JUMEAUX DE 254 m/m
Tiroir de distribution
Fig 1. Élévation
Fig 3. Plan
Fig 2. Plan
Moteur hydraulique de pointage en direction
Tiroir de changement de marche
Fig 7 Élévation et Coupe
Fig. 8. Plan et Coupe.

Fig. 1. Coupe verticale

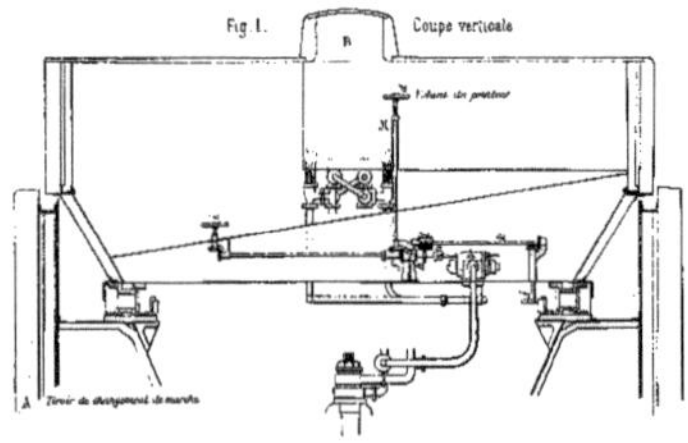

Fig. 3. Coupe verticale

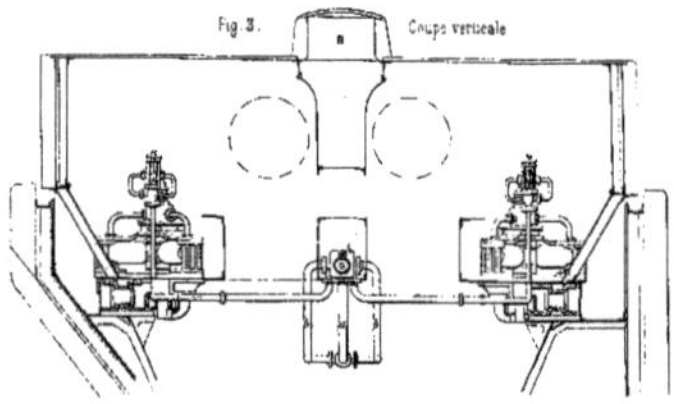

Fig. 2. Plan

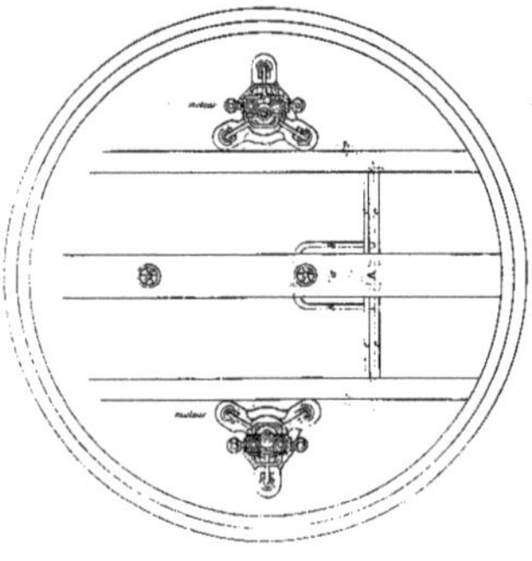

TOURELLE A MANŒUVRES HYDRAULIQUES POUR CANONS JUMEAUX DE 254 m/m.

Installation des moteurs hydrauliques de pointage en direction
et de leurs mécanismes de commande par asservissement.

Fig. 4. Shema montrant l'installation des plongeurs compensateurs
& des soupapes de décharges réglant la marche simultanée de deux moteurs

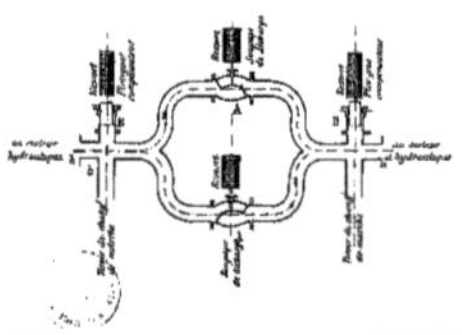

Fig. 5. Joint des conduites d'eau
sous pression

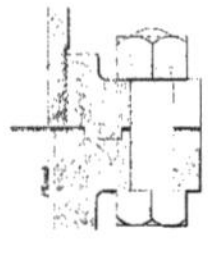

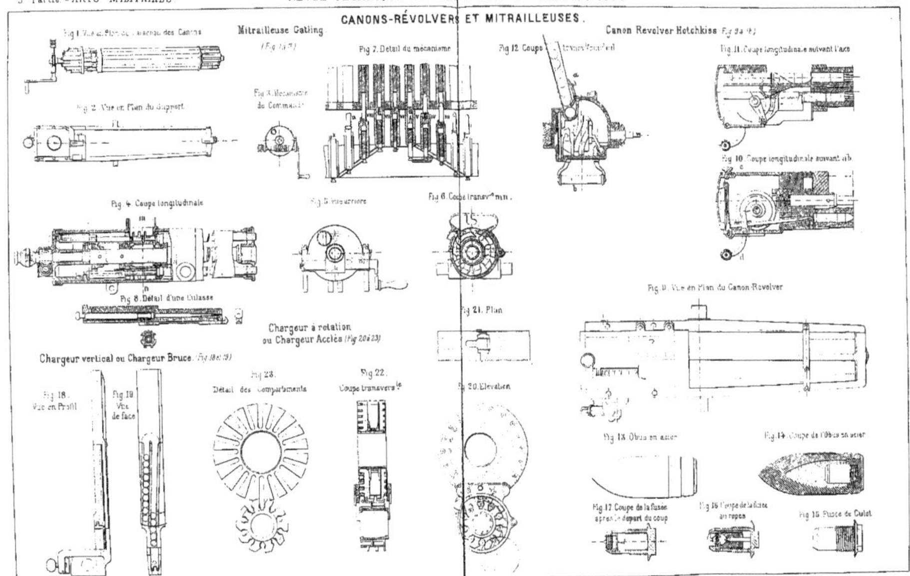
CANONS-RÉVOLVERS ET MITRAILLEUSES.
Mitrailleuse Gatling
Canon Revolver Hotchkiss
Fig. 2. Vue en Plan du Support
Fig. 7. Détail du mécanisme
Fig. 11. Coupe longitudinale suivant l'axe
Fig. 10. Coupe longitudinale suivant ab
Fig. 4. Coupe longitudinale
Fig. 6. Coupe transvle mn.
Fig. 8. Détail d'une Culasse
Fig. 9. Vue en Plan du Canon-Revolver
Chargeur à rotation
ou Chargeur Acclès
Fig. 21. Plan
Chargeur vertical ou Chargeur Bruce.
Fig. 18.
Vue en Profil
Fig. 19
Vue
de face
Fig. 23.
Détail des Compartiments
Fig. 22.
Coupe transversle
Fig. 20. Elévation
Fig. 13. Obus en acier
Fig. 14. Coupe de l'Obus en acier
Fig. 17. Coupe de la fusée
après le départ du coup
Fig. 16. Coupe de la fusée
au repos
Fig. 15. Fusée de Culot

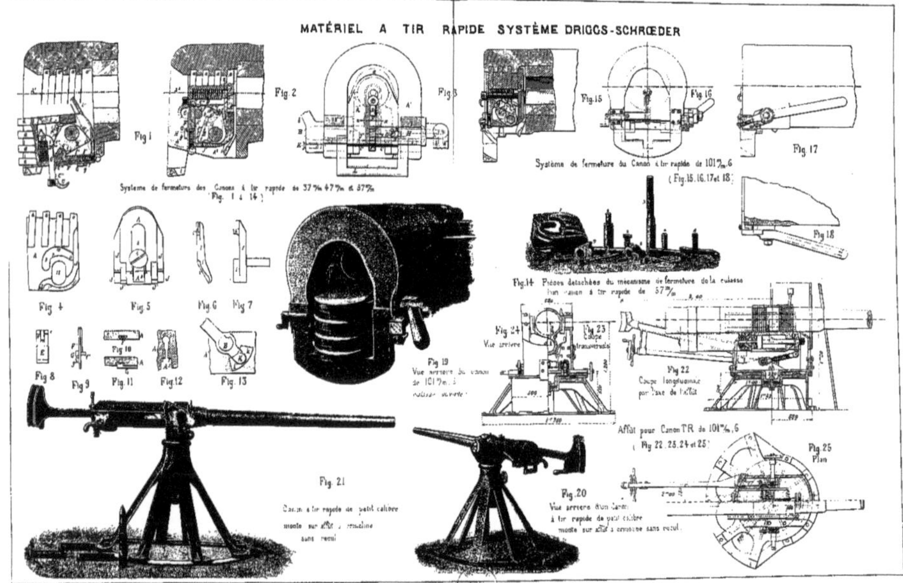
MATÉRIEL A TIR RAPIDE SYSTÈME DRIGGS-SCHRŒDER
Fig. 1
Fig. 2
Fig. 3
Système de fermeture des Canons à tir rapide de 37 m/m 47 m/m et 57 m/m (Fig. 1 à 14)
Fig. 4
Fig. 5
Fig. 6
Fig. 7
Fig. 8
Fig. 9
Fig. 10
Fig. 11
Fig. 12
Fig. 13
Fig. 14 Pièces détachées du mécanisme de fermeture de la culasse d'un canon à tir rapide de 57 m/m
Fig. 15
Fig. 16
Fig. 17
Fig. 18
Système de fermeture du Canon à tir rapide de 101 m/m 6 (Fig. 15. 16. 17 et 18)
Fig. 19
Vue arrière du canon de 101 m/m 6 culasse ouverte
Fig. 24 Vue arrière
Fig. 23 Coupe transversale
Fig. 22 Coupe longitudinale par l'axe de l'affût
Affût pour Canon T.R. de 101 m/m 6 (Fig. 22. 23. 24 et 25)
Fig. 25 Plan
Fig. 21
Canon à tir rapide de petit calibre monté sur affût à crinoline sans recul
Fig. 20
Vue arrière d'un Canon à tir rapide de petit calibre monté sur affût à crinoline sans recul

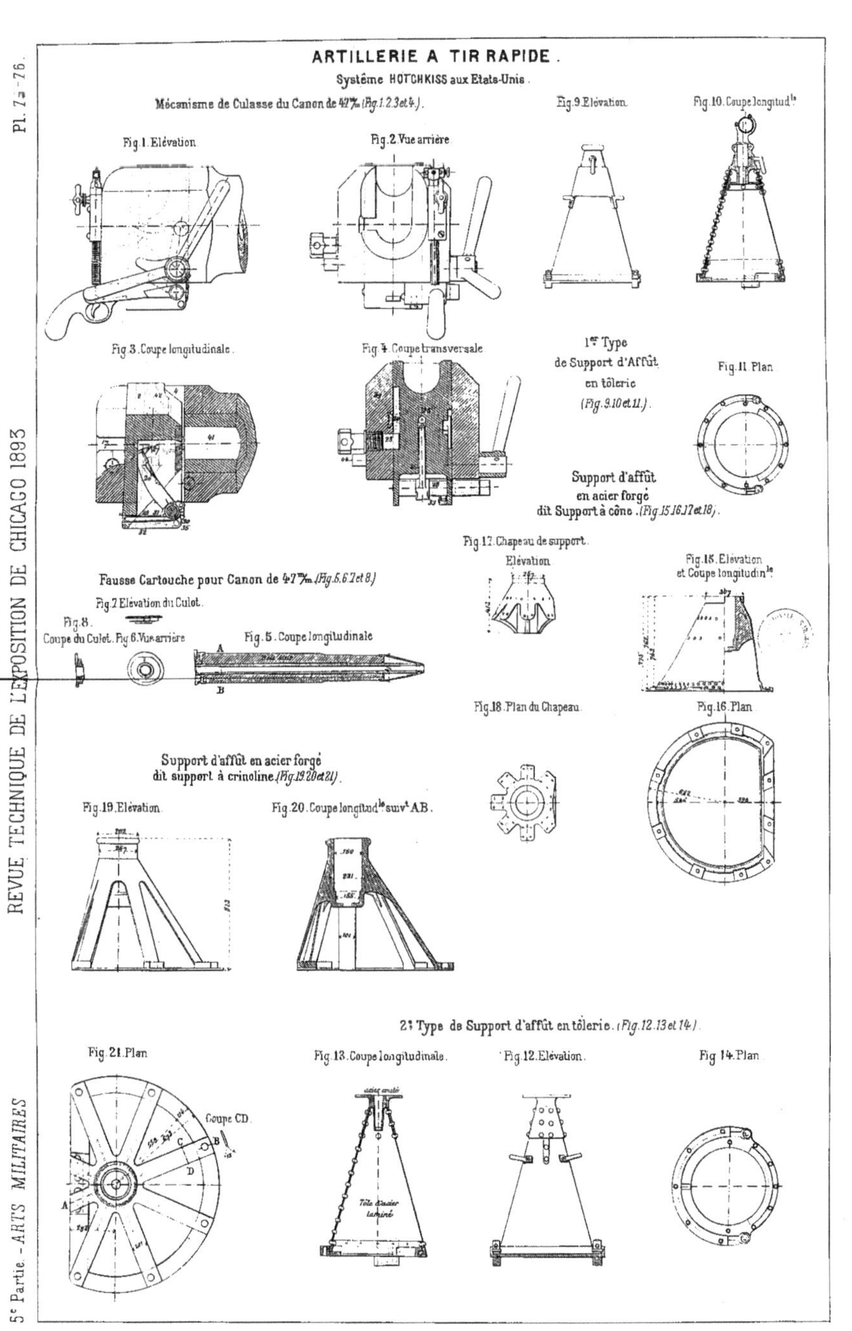
ARTILLERIE A TIR RAPIDE.
Système HOTCHKISS aux Etats-Unis.
Mécanisme de Culasse du Canon de 47m/m (Fig. 1. 2. 3 et 4.)
Fig. 1. Elévation.
Fig. 2. Vue arrière.
Fig. 3. Coupe longitudinale.
Fig. 4. Coupe transversale.
Fig. 9. Elévation.
Fig. 10. Coupe longitud.le
1er Type de Support d'Affût en tôlerie (Fig. 9. 10 et 11.).
Fig. 11. Plan.
Support d'affût en acier forgé dit Support à cône. (Fig. 15. 16. 17 et 18).
Fausse Cartouche pour Canon de 47m/m (Fig. 5. 6. 7 et 8.)
Fig. 7. Elévation du Culot.
Fig. 8. Coupe du Culot.
Fig. 6. Vue arrière.
Fig. 5. Coupe longitudinale.
Fig. 17. Chapeau de support. Elévation.
Fig. 15. Elévation et Coupe longitudin.le
Fig. 18. Plan du Chapeau.
Fig. 16. Plan.
Support d'affût en acier forgé dit support à crinoline. (Fig. 19. 20 et 21).
Fig. 19. Elévation.
Fig. 20. Coupe longitud.le suiv.t AB.
2e Type de Support d'affût en tôlerie. (Fig. 12. 13 et 14.)
Fig. 21. Plan.
Coupe CD.
Fig. 13. Coupe longitudinale.
Acier coulé
Tôle d'acier laminé
Fig. 12. Elévation.
Fig. 14. Plan.

TYPES D'AFFÛTS A TIR RAPIDE DE LA MARINE DES ETATS-UNIS.

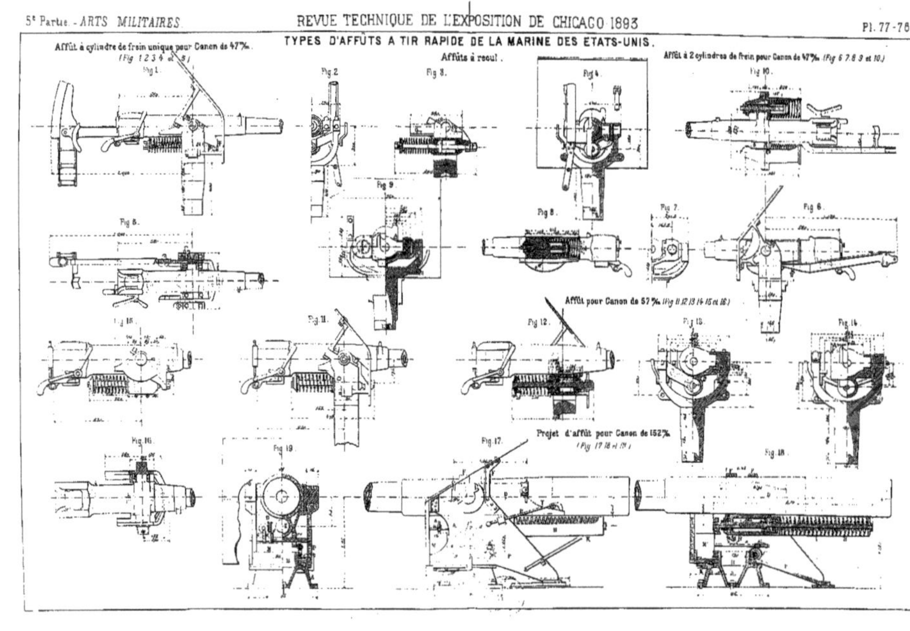

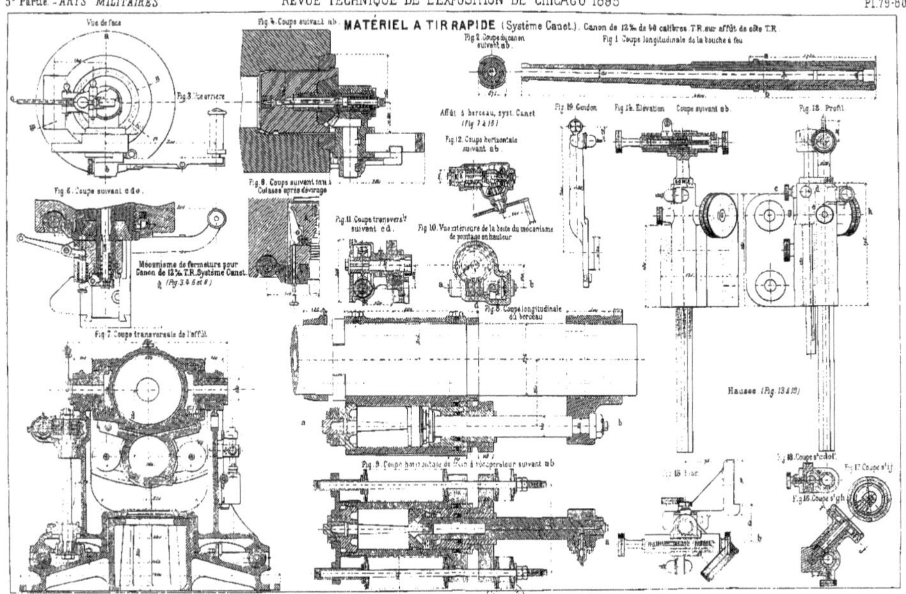
MATÉRIEL A TIR RAPIDE (Système Canet). Canon de 12% de 40 calibres T.R. sur affût de côte T.R.
Vue de face
Fig. 3. Vue arrière
Fig. 4. Coupe suivant ab.
Fig. 2. Coupe du canon suivant ab.
Fig. 1. Coupe longitudinale de la bouche à feu
Affût à berceau, syst. Canet (Fig. 7 à 15)
Fig. 12. Coupe horizontale suivant ab.
Fig. 19. Guidon
Fig. 14. Élévation
Coupe suivant ab.
Fig. 13. Profil
Fig. 6. Coupe suivant cde.
Fig. 8. Coupe suivant ...
Culasse après dévirage
Mécanisme de fermeture pour Canon de 12% T.R. Système Canet. (Fig. 3, 4, 5 et 6)
Fig. 11. Coupe transvers.le suivant cd.
Fig. 10. Vue extérieure de la boîte du mécanisme de pointage en hauteur
Fig. 5. Coupe longitudinale du berceau
Fig. 7. Coupe transversale de l'affût
Hausse (Fig. 13 à 19)
Fig. 9. Coupe horizontale du frein à récupérateur suivant ab
Fig. 16. Coupe s.t gh
Fig. 17. Coupe s.t ij

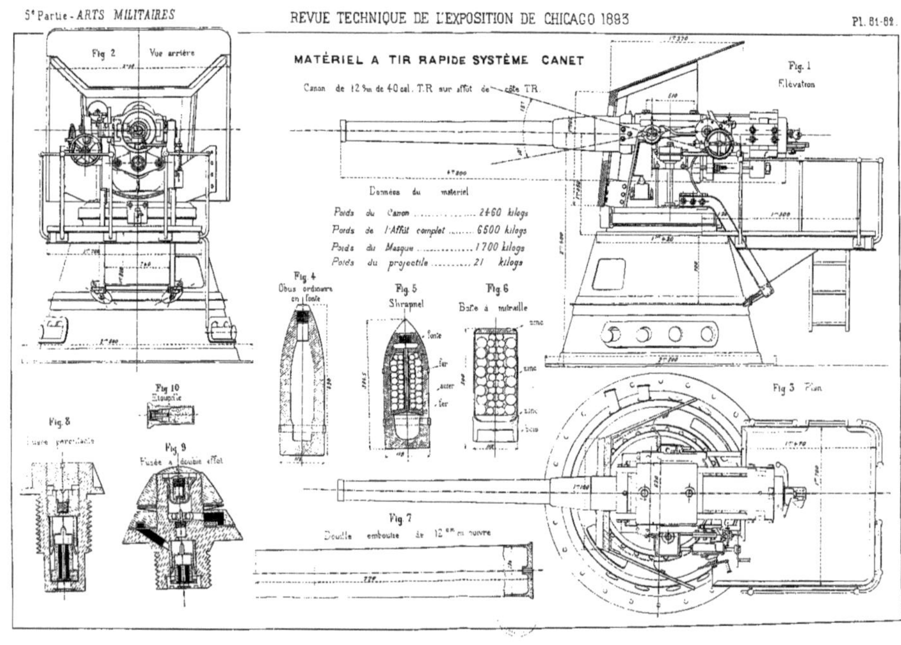
MATÉRIEL A TIR RAPIDE SYSTÈME CANET
Canon de 12 c/m de 40 cal. T.R sur affût de côte TR.
Données du matériel
Poids du Canon .... 2460 kilogs
Poids de l'Affût complet .... 6500 kilogs
Poids du Masque .... 1700 kilogs
Poids du projectile .... 21 kilogs
Fig. 1
Élévation
Fig. 2
Vue arrière
Fig. 3 Plan
Fig. 4
Obus ordinaire en fonte
Fig. 5
Shrapnel
fonte
fer
acier
fer
Fig. 6
Boîte à mitraille
zinc
zinc
zinc
bois
Fig. 7
Douille emboutie de 12 c/m en cuivre
Fig. 8
Fusée percutante
Fig. 9
Fusée à double effet
Fig. 10
Étoupille

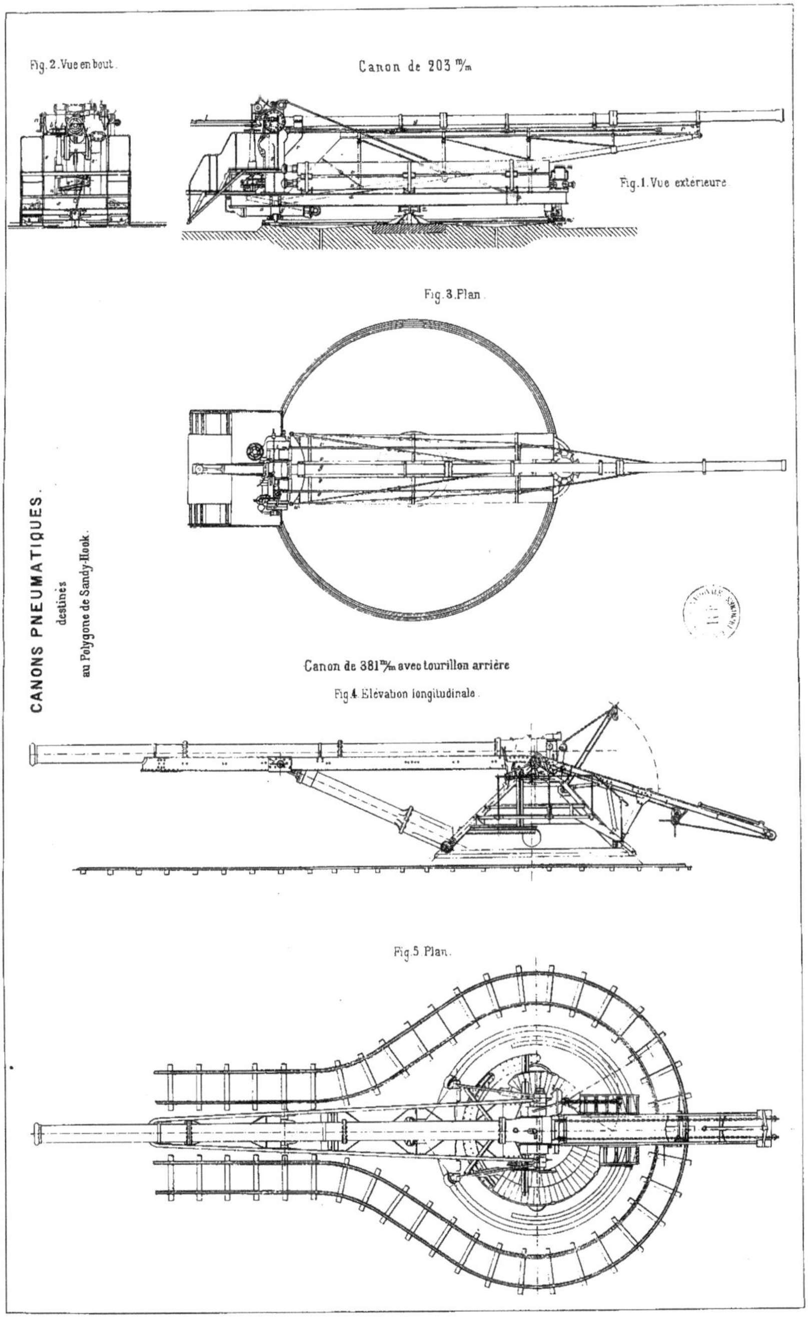

CANONS PNEUMATIQUES

destinés

au Polygone de Sandy-Hook.

Canon de 203 m/m

Fig. 2. Vue en bout.

Fig. 1. Vue extérieure.

Fig. 3. Plan.

Canon de 381 m/m avec tourillon arrière

Fig. 4. Élévation longitudinale.

Fig. 5. Plan.

CANON PNEUMATIQUE.

Fig. 2. Fig. 3. Fig. 1.

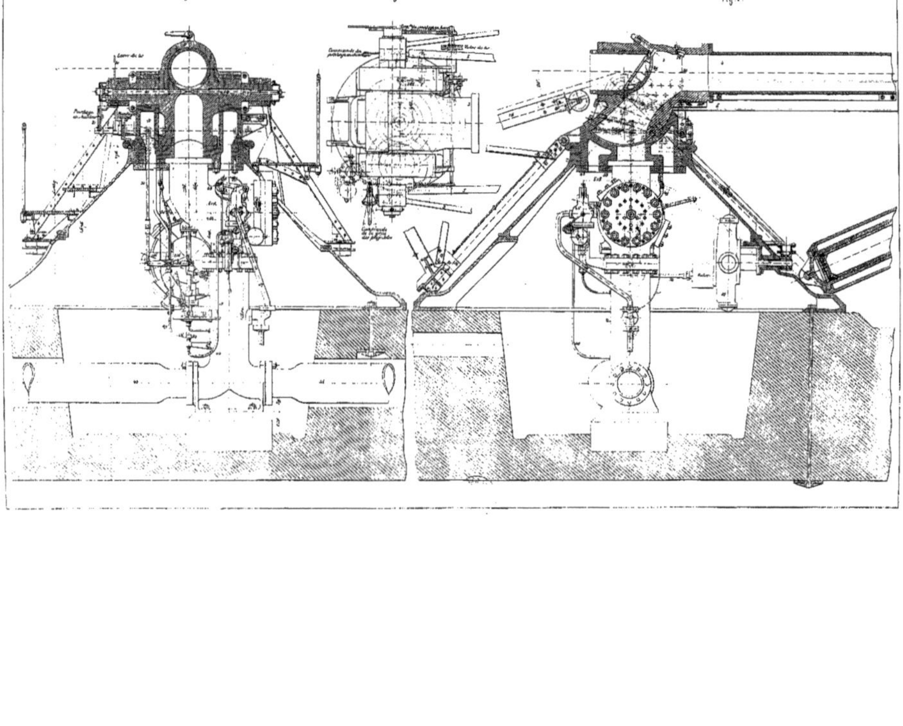

CANON PNEUMATIQUE DE 381 m/m

Modèle 1890.

Fig. 1. Vue extérieure

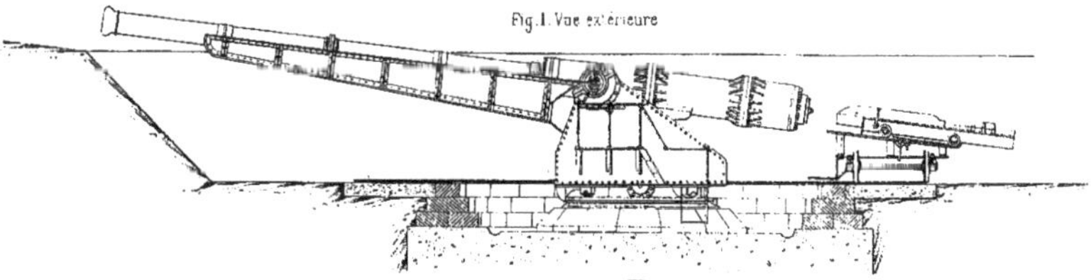

Fig. 2. Plan.

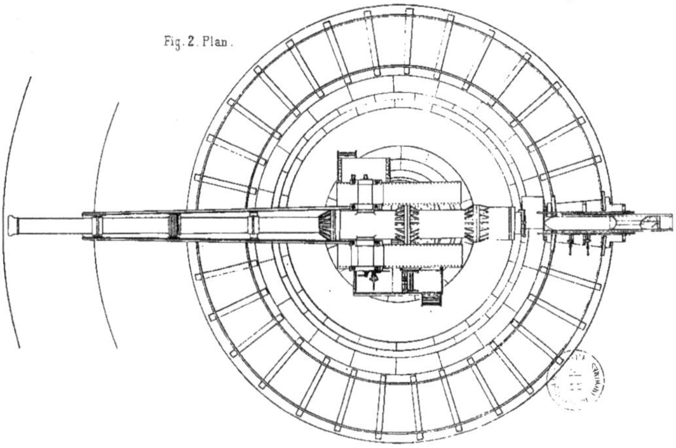

Fig. 3. Détail de la Valve de tir et de la Canalisation

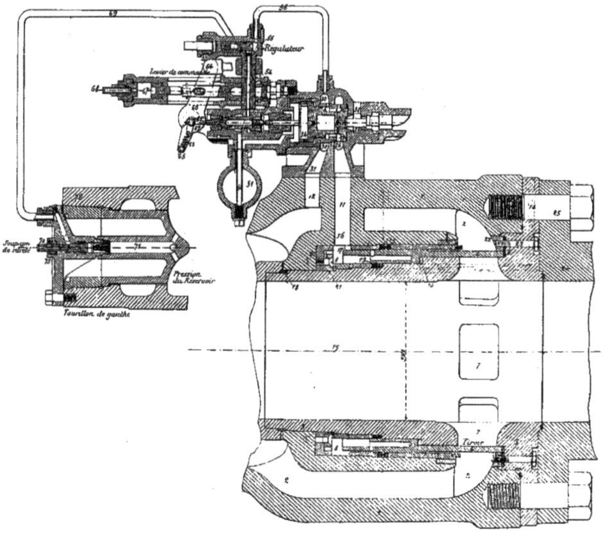

Régulateur

Levier de commande

Pression du Réservoir

Tourillon de gauche

Tirant

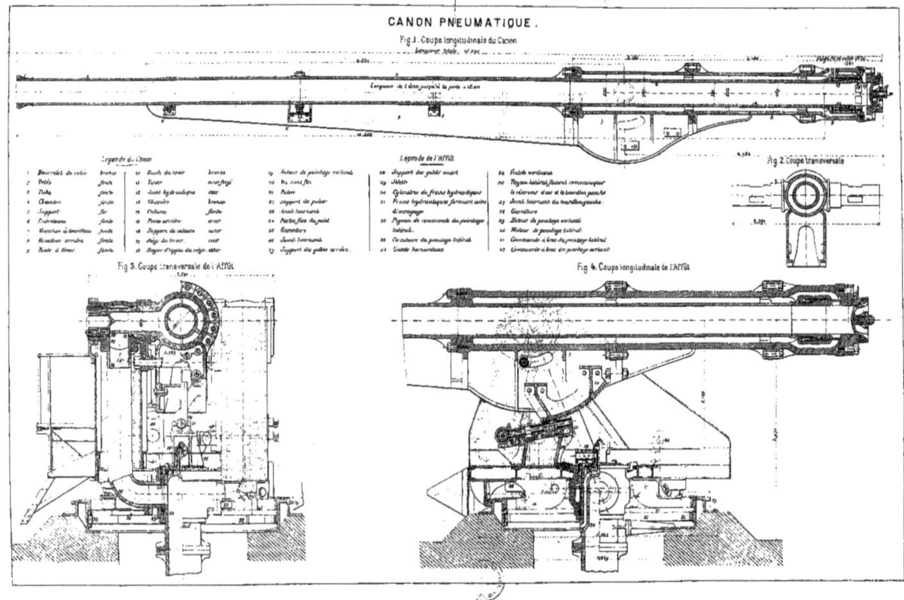
CANON PNEUMATIQUE.
Fig. 1. Coupe longitudinale du Canon
Légende du Canon
Légende de l'Affût
Fig. 2. Coupe transversale
Fig. 3. Coupe transversale de l'Affût
Fig. 4. Coupe longitudinale de l'Affût

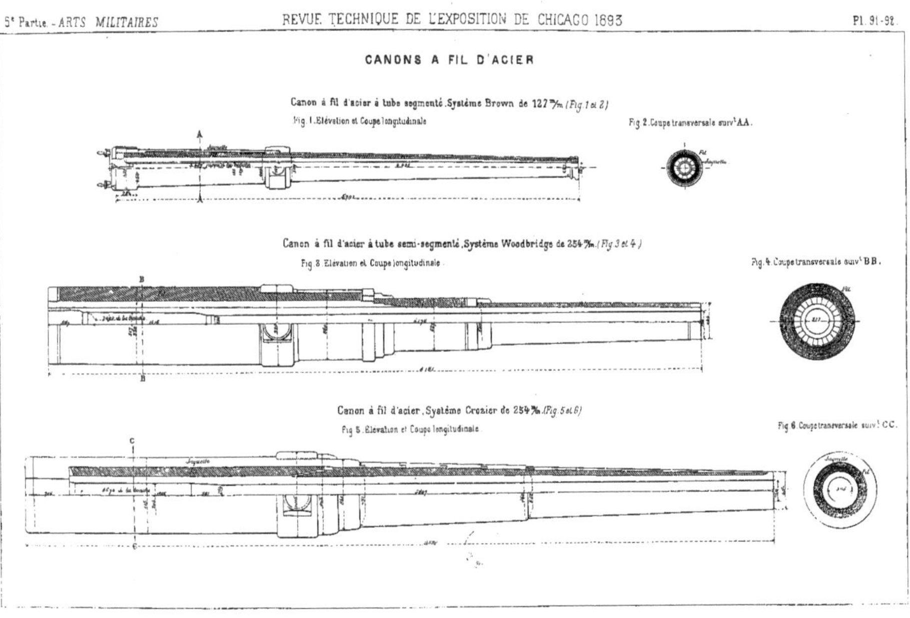
CANONS A FIL D'ACIER
Canon à fil d'acier à tube segmenté. Système Brown de 127 m/m (Fig. 1 et 2)
Fig. 1. Élévation et Coupe longitudinale
Fig. 2. Coupe transversale suivt AA.
Canon à fil d'acier à tube semi-segmenté. Système Woodbridge de 254 m/m. (Fig. 3 et 4)
Fig. 3. Élévation et Coupe longitudinale
Fig. 4. Coupe transversale suivt BB.
Canon à fil d'acier, Système Crozier de 254 m/m. (Fig. 5 et 6)
Fig. 5. Élévation et Coupe longitudinale
Fig. 6. Coupe transversale suivt CC.

PETITES ARMES.

Fusil d'Infanterie, Modèle 1892 des Etats-Unis.

Fig. 1. Coupe longitudinale (Culasse ouverte)

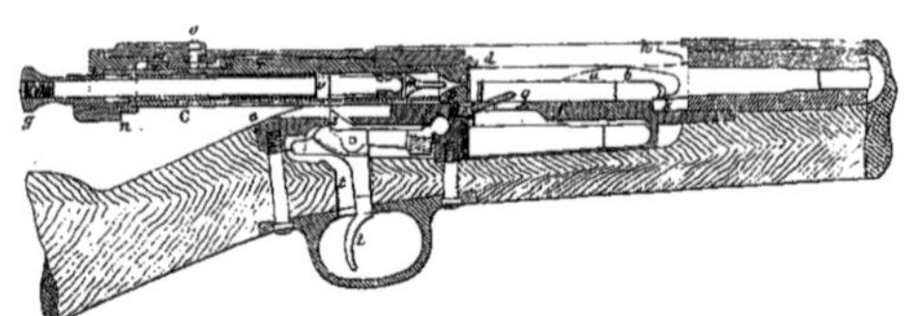

Fig. 3. Coupe transversale. (Magasin ouvert)

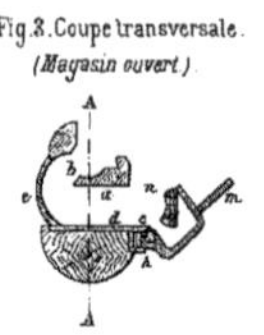

Fig. 2. Coupe longitudinale. (Culasse fermée)

Fig. 4. Coupe transversale (Magasin fermé)

Fig. 5. Coupe transversale. (Magasin avec 3 cartouches)

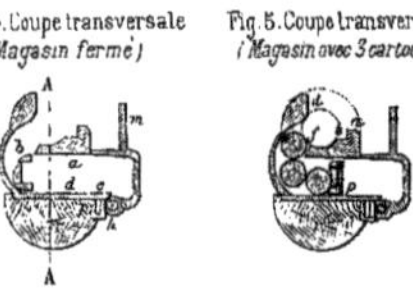

Fig. 7. Vue du magasin.

Fig. 6. Vue en dessous. (Magasin ouvert)

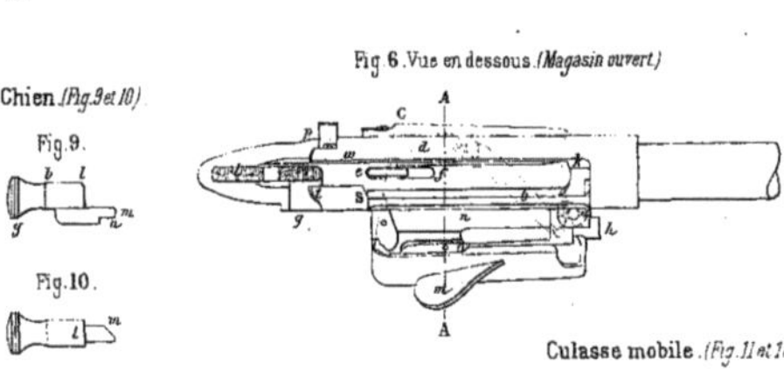

Fig. 8. Elévateur.

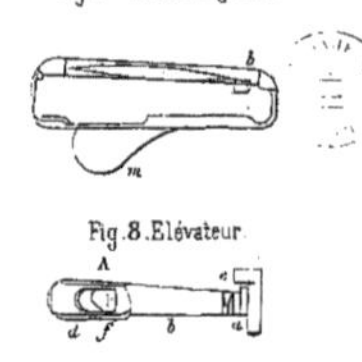

Chien. (Fig. 9 et 10)

Fig. 9.

Fig. 10.

Culasse mobile. (Fig. 11 et 12)

Fig. 11.

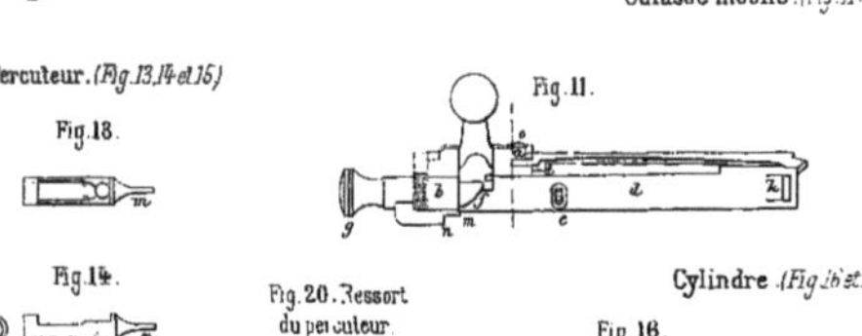

Fig. 12.

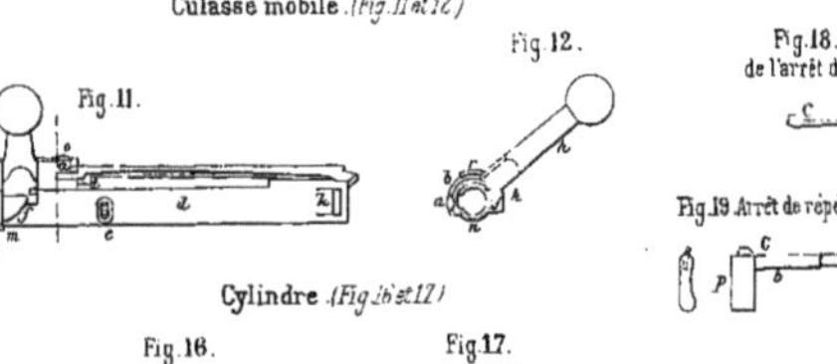

Fig. 18. Ressort de l'arrêt de répétition

Fig. 19. Arrêt de répétition

Percuteur. (Fig. 13, 14 et 15)

Fig. 13.

Fig. 14.

Fig. 15.

Fig. 20. Ressort du percuteur.

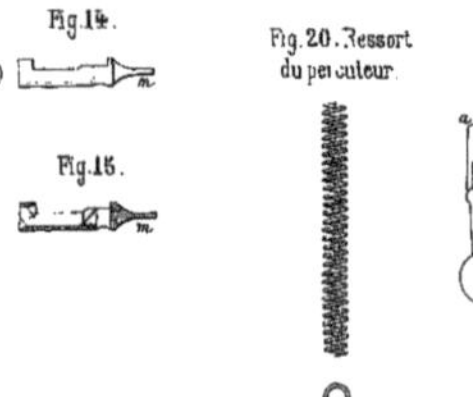

Cylindre. (Fig. 16 et 17)

Fig. 16.

Fig. 17.

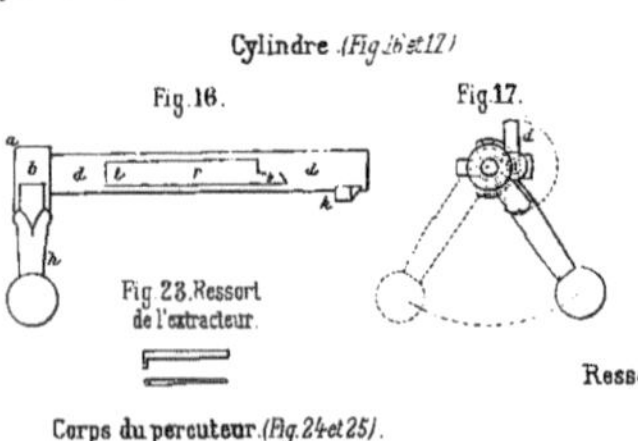

Fig. 23. Ressort de l'extracteur.

Ressort de l'Elévateur. (Fig. 26 et 27)

Fig. 26.

Corps du percuteur. (Fig. 24 et 25)

Fig. 24.

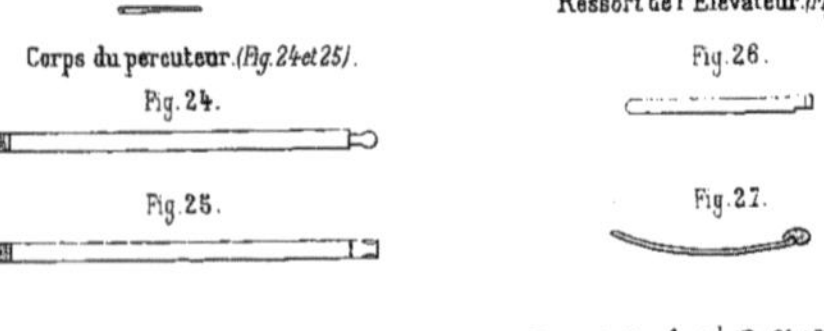

Fig. 25.

Fig. 27.

Extracteur. (Fig. 21 et 22)

Fig. 21.

Fig. 22.

Manchon mobile (Fig. 28, 29 et 30)

Fig. 29. Fig. 28. Fig. 30.

Loquet de sûreté (Fig. 31 et 32)

Fig. 31. Fig. 32.

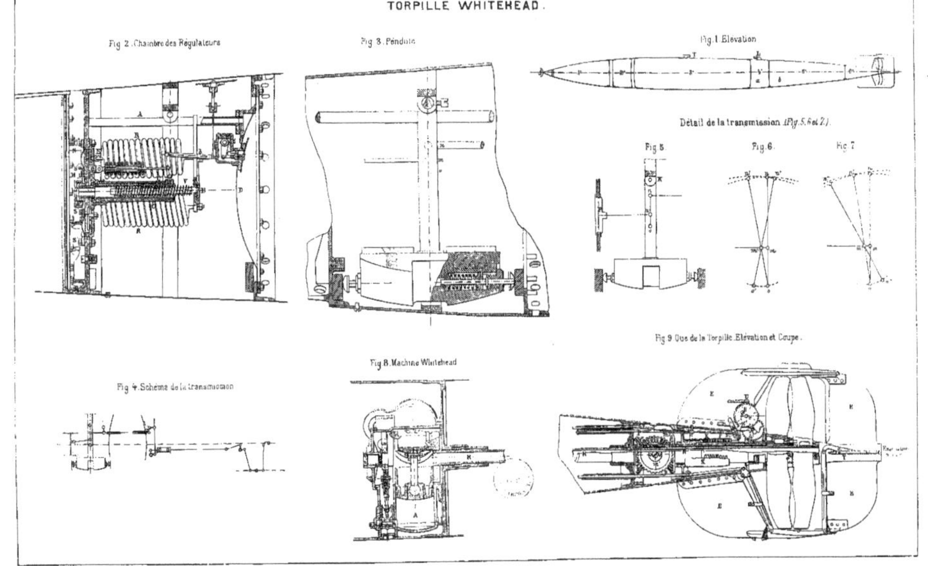
TORPILLE WHITEHEAD.
Fig. 2. Chambre des Régulateurs
Fig. 3. Pendule
Fig. 1. Elévation
Détail de la transmission (Fig. 5, 6 et 7).
Fig. 5
Fig. 6
Fig. 7
Fig. 9 Que de la Torpille. Elévation et Coupe.
Fig. 8. Machine Whitehead
Fig. 4. Schéme de la transmission

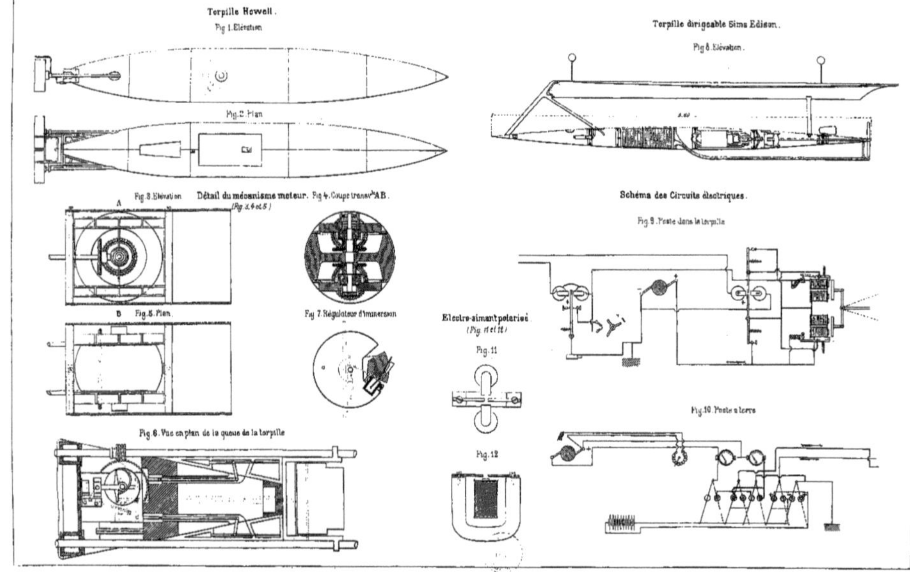

Torpille Howell.
Fig. 1. Elévation
Fig. 2. Plan
Fig. 3. Elévation
Détail du mécanisme moteur.
(Fig. 3, 4 et 5)
Fig. 4. Coupe transvle AB.
A
B
Fig. 5. Plan.
Fig. 7. Régulateur d'immersion
Fig. 6. Vue en plan de la queue de la torpille
Torpille dirigeable Sims Edison.
Fig. 8. Elévation.
Schéma des Circuits électriques.
Fig. 9. Poste dans la torpille
Electro-aimant polarisé
(Fig. 11 et 12)
Fig. 11
Fig. 12
Fig. 10. Poste à terre

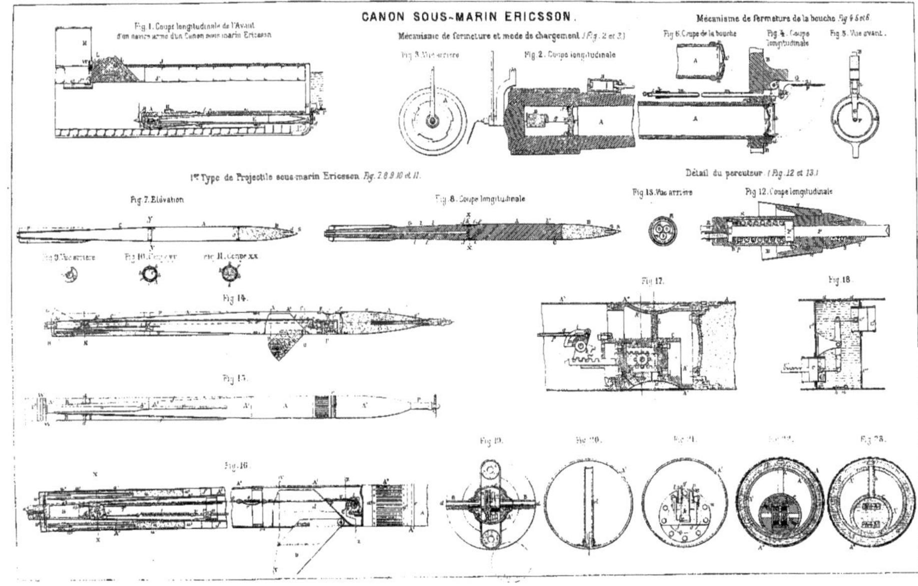
CANON SOUS-MARIN ERICSSON.
Fig. 1. Coupe longitudinale de l'Avant d'un navire armé d'un Canon sous-marin Ericsson
Mécanisme de fermeture et mode de chargement (Fig. 2 et 3)
Fig. 3. Vue arrière
Fig. 2. Coupe longitudinale
Mécanisme de fermeture de la bouche Fig 4 5 et 6
Fig 6. Coupe de la bouche
Fig. 4. Coupe longitudinale
Fig. 5. Vue avant.
1er Type de Projectile sous-marin Ericsson Fig. 7 8 9 10 et 11.
Détail du percuteur (Fig. 12 et 13.)
Fig. 7. Elévation
Fig. 8. Coupe longitudinale
Fig. 13. Vue arrière
Fig. 12. Coupe longitudinale
Fig. 9. Vue arrière
Fig. 10. Coupe YY
Fig. 11. Coupe XX
Fig. 14.
Fig. 15.
Fig. 16.
Fig. 17.
Fig. 18
Fig. 19.
Fig. 20.
Fig. 21.
Fig. 22.
Fig. 23.

PROJECTILES DE GRANDE CAPACITÉ POUR EXPLOSIFS PUISSANTS.

Fig. 1. Coupe longitudinale du projectile à diamètre réduit muni de 3 fusées électriques **ZALINSKI**.

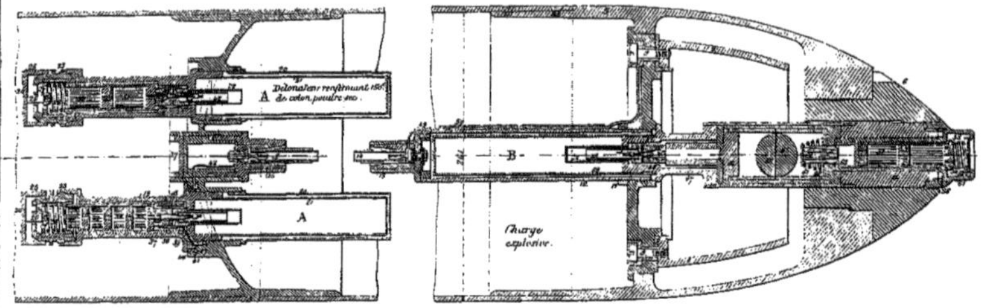

Charge explosive.

Détail du Culot. *(Fig. 2, 3 et 4)*

Fig. 2. Coupe longitudinale

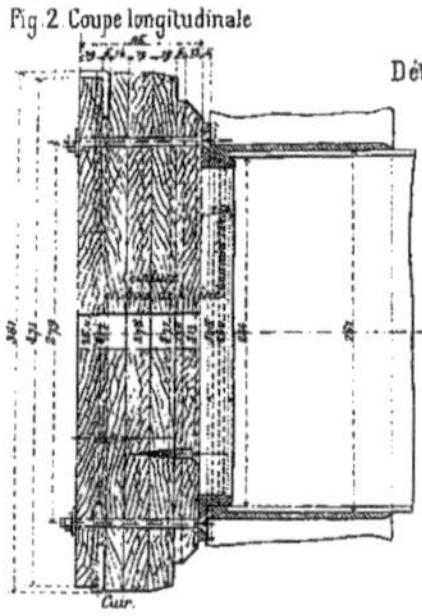

Cuir.

Fig. 3. Vue arrière

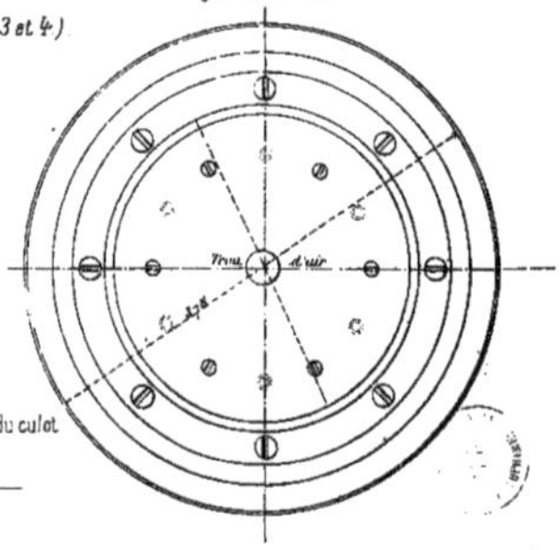

Trou d'air

Fig. 4. Détail des vis de fixation du culot

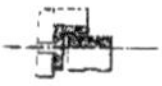

Esemble du Projectile à diamètre réduit. *(Fig. 7 et 8)*

Fig. 5. Coupe longitudinale.

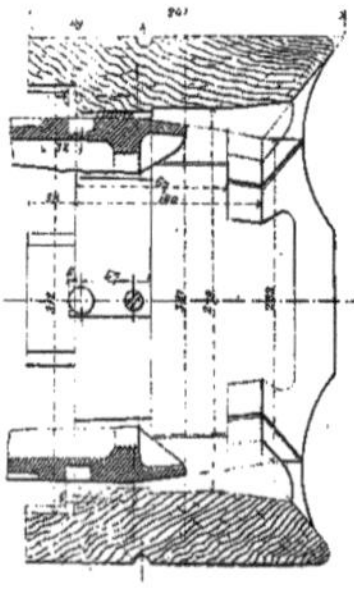

Fig. 6. Vue avant

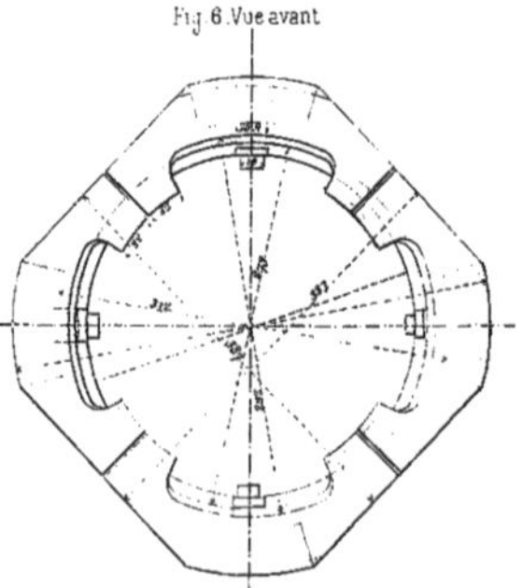

Fig. 7. Vue du Projectile au moment du chargement.

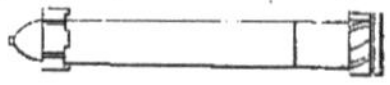

Fig. 8. Vue du Projectile après le départ du coup

Fig. 10. Détail de la mise de feu.

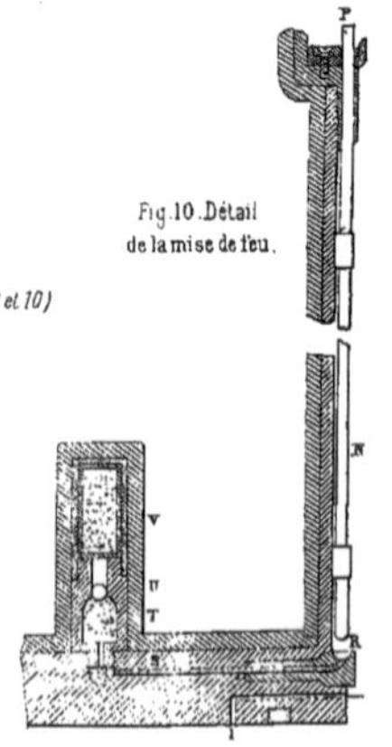

Projectile **JUSTIN** pour Canon tirant à la poudre. *(Fig. 9 et 10)*

Fig. 9. Coupe longitudinale.

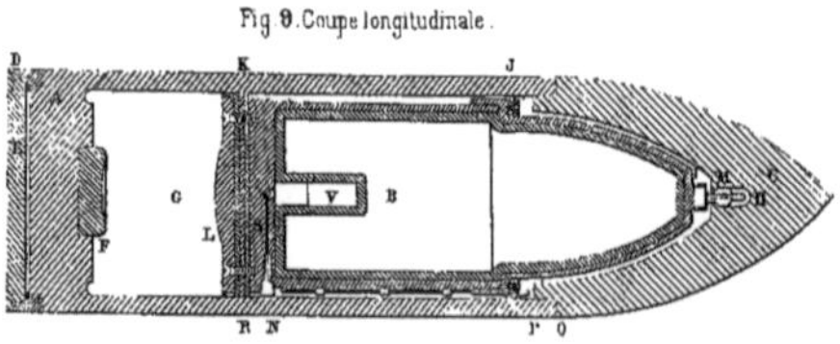

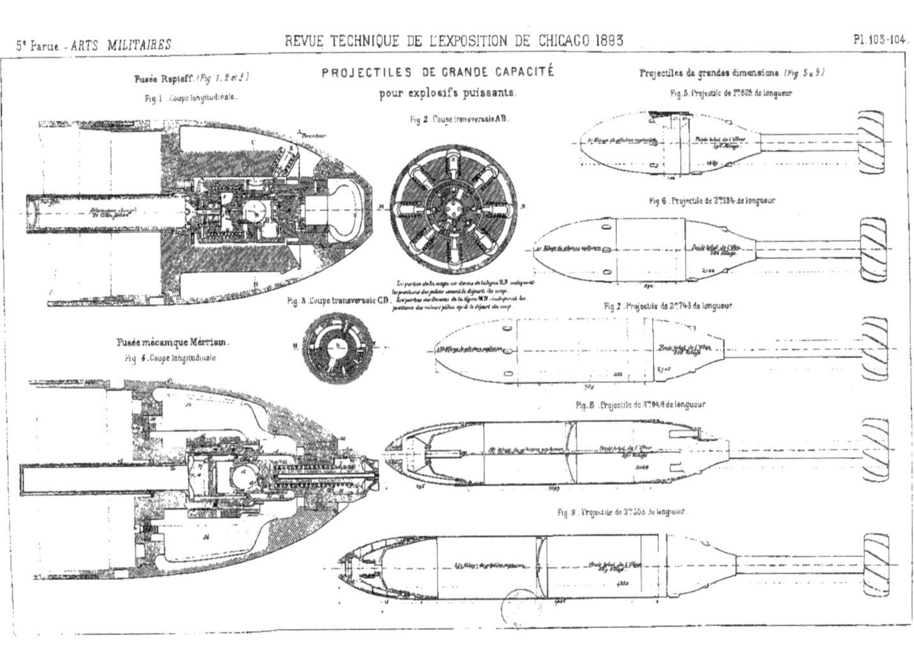
PROJECTILES DE GRANDE CAPACITÉ
pour explosifs puissants.
Fusée Rapieff. (Fig. 1, 2 et 3)
Fig. 1. Coupe longitudinale.
Fig. 2. Coupe transversale AB.
Fig. 3. Coupe transversale CD.
Fusée mécanique Merriam.
Fig. 4. Coupe longitudinale
Projectiles de grandes dimensions (Fig. 5 à 9)
Fig. 5. Projectile de 1m825 de longueur
Fig. 6. Projectile de 2m134 de longueur
Fig. 7. Projectile de 2m743 de longueur
Fig. 8. Projectile de 3m048 de longueur
Fig. 9. Projectile de 3m353 de longueur

www.ingramcontent.com/pod-product-compliance
Ingram Content Group UK Ltd.
Pitfield, Milton Keynes, MK11 3LW, UK
UKHW020429230726
13925UKWH00004B/1663